鹤望兰

——极乐鸟花的世界

原著 [日] 铃木 勇太郎

编译 林 健 王定跃 等

中国林业出版社

图书在版编目（CIP）数据

鹤望兰：极乐鸟花的世界 /（日）铃木勇太郎著；林健等编译 . —北京：中国林业出版社，2020.12
ISBN 978-7-5219-0945-6

Ⅰ.①鹤… Ⅱ.①铃… ②林… Ⅲ.①芭蕉科－花卉－观赏园艺 Ⅳ.① S682.2

中国版本图书馆 CIP 数据核字 (2020) 第 263319 号

版权登记号：01-2020-7281

鹤望兰——极乐鸟花的世界

铃木　勇太郎 ［日］　原著

林　健　王定跃 等　编译

出版发行：中国林业出版社

地　　址：北京西城区德胜门内大街刘海胡同 7 号

策划编辑：王　斌

责任编辑：张　健　刘开运　吴文静　　　　　装帧设计：广州百彤文化传播有限公司

印　　刷：北京雅昌艺术印刷有限公司

开　　本：889 mm×1194 mm　1/16

印　　张：14

字　　数：435 千字

版　　次：2020 年 12 月第 1 版 第 1 次

定　　价：248.00 元（USD 49）

谨以此书献给
深圳经济特区成立四十周年

鹤望兰——极乐鸟花的世界

原著：[日] 铃木 勇太郎

编译：林　健　　王定跃　　周兰平

　　　　冯世秀　　程颖慧　　桂子凡

翻拍：陈　伟

摄影：王定跃

序　言

　　植物是有故事、有性情的，以植物言志，或以植物寄思，植物帮助人们打破不同国家间的文化藩篱，传递友谊、增进融合。

　　对于植物的研究，是一项长期、艰巨，又充满乐趣的工作。一个植物学家，有时几年、十几年，甚至一生，都在研究一类植物，在山水之间感受自然的伟大与植物的多彩。因对其热爱，所以执着，又因对其投入，所以不畏艰辛。

　　王定跃博士是一位非常热爱植物且专业功底扎实的学者，在苏铁分类、杜鹃抚育、凤凰木栽培、风景林理论与实践等领域颇有建树。他从早年初见鹤望兰便对其一见倾心，倾注了大量精力和心血研究鹤望兰，四处考察、收集资料。国内鹤望兰文献比较少，当王博士见到日本植物专家铃木 勇太郎先生 20 世纪 80 年代编著的《极乐鸟花的世界》一书后，便与林健女士一起组建团队，翻译该书，并系统整理国内鹤望兰的生产、应用与研究资料，汇编成书，难能可贵。

　　林健女士早年在深圳三洋电机（蛇口）有限公司、深圳市大兴丰田汽车销售有限公司等企业，长期担任日语翻译等高级职务，日语功底深厚。她多年来与铃木先生书信往来、电话沟通及上门求见，几经周折，终获已耄耋之年的铃木先生的授权，使得这样珍贵的日文版鹤望兰书籍《极乐鸟花的世界》在出版 40 年之后，得以用中文版呈现给国内读者，我想这大概也是鹤望兰爱好者们的幸运吧！

　　铃木先生一生钟爱鹤望兰，四次赴鹤望兰原产地南非，考察鹤望兰的自然生长环境，用相机和文字记录了非常珍贵的历史素材，恐怕现在许多原产地也难觅鹤望兰的踪迹了。本书的翻译稿语言优美，娓娓道来，让人身临其境，读者随着铃木先生的思绪，了解鹤望兰的探寻历程，因发现鹤望兰而惊喜，又因鹤望兰生境的破坏而忧伤。

本书不仅介绍了国外鹤望兰的自然分布与栽培情况，也全面介绍了鹤望兰的系统分类、栽培技术、生产应用以及历史文化。纵观国内专著，写鹤望兰的较少，能够科学系统介绍鹤望兰的专著就少之又少。因此，林健、王定跃等编译的《鹤望兰——极乐鸟花的世界》一书是国内从事鹤望兰研究、生产的人士，以及园艺爱好者一本非常专业的工具书，将促进鹤望兰在我国的普及和应用。

故，我乐于为序。

中国科学院植物研究所研究员
中国科学院院士
2020 年 11 月 23 日于北京

前 言

　　早年在书刊上见过鹤望兰的介绍：鹤望兰属于旅人蕉科多年生草本植物，又称为天堂鸟，日本习惯称之为极乐鸟花，其不同凡响的名字让我印象深刻。

　　20世纪90年代初，我在做全国苏铁研究时到过中国科学院西双版纳热带植物园，第一次目睹了鹤望兰植株。看到鹤望兰花朵的那一刻，我就被其深深打动了。从事植物分类学研究多年，认识植物数千种，可从来没有一种植物的花朵有如此魅力！蓝色的花瓣与船形佛焰苞像极了张开的鹤嘴，橙色萼片简直就是仙鹤的翅膀。鹤望兰，花如其名，她的形、色、姿、韵都活灵活现，像一只展翅欲飞的仙鹤，栩栩如生地展现在我的面前！

　　一天在书店，我无意中看到赵印泉、刘青林老师编著的《鹤望兰》一书，认认真真地研读，受益匪浅。2006年有机会再次参观厦门植物园时，得到了时任植物园副主任王振忠老师的热情指导，王老师在鹤望兰的引种与授粉等方面有着深入的研究。由于国内关于鹤望兰的资料非常少，大多只是简单概述和栽培技术方面的介绍，几乎没有详细介绍鹤望兰原产地等方面的著作。有幸在王老师处，借阅了铃木 勇太郎编著的日文版《极乐鸟花的世界》，算是为数不多的鹤望兰专著。书中详细地介绍了鹤望兰属的种类及原产地分布情况，令我喜出望外。随后组织日语及相关技术专业人员一起着手翻译此书，期间，多次给年事已高的原著作者铃木 勇太郎先生致电、写信，并亲赴日本寻访铃木先生，终于获得了他的授权，同意我们翻译并在中国出版该书。于是，大家一起共同努力，仔细推敲斟酌，终将其翻译成稿。

　　2011年，我与出版社的王斌老师商讨出版《极乐鸟花的世界》事宜时，王老师建议增加一些国内有关鹤望兰研究、生产与应用的内容。我欣然接受了王斌老师的建议，随即着手进一步收集相关文献资料。当时国内对旅人蕉科属种的研究非常薄弱，除鹤望兰这个种外，其他属种的文字介绍、照片资料极其匮乏；其次，国内鹤望兰生产几乎都是来自原产地南非或其他国家的播种苗，没有优良品种园圃，鹤望兰园艺育种方面的研究资料同样非常匮乏。于是，大家分头行动，一方面，从各个渠道查阅文献，搜寻旅人蕉科属种的资料与照片；另一方面，赴福建、广东及云南等地的鹤望兰生产栽培基地、苗圃进行了大量的调查、拍照与记录，取得丰富的第一手资料。在"鹤望兰"一书编写中，几经易稿，过程虽很艰辛，大家却也乐在其中，终于在 2020 年 4 月完成了本书的统稿工作。

本书由"极乐鸟花的世界"译著与"鹤望兰"专著两部分组成。译著包括极乐鸟花概述、传媒朋友——太阳鸟、栽培、选优、优秀品种介绍、未来展望、自述与花名考证；专著包括鹤望兰概况、繁殖、栽培、管理养护、病虫害防治、生产应用与花文化等内容。全书图文并茂，集科学性、实用性为一体，是国内较全面的一本鹤望兰专著。希望本书对国内鹤望兰研究者、生产者与爱好者，以及园林、园艺工作者、相关院校师生有一定的帮助和参考价值。

在即将出版之际，特别感谢铃木 勇太郎先生同意翻译出版其《极乐鸟花的世界》一书；衷心感谢厦门植物园时任副主任王振忠老师的热情指导与慷慨借阅；感谢江苏植物研究所王意成老师借阅其编辑的《鹤望兰》册子；感谢著名作家陈富强老师同意引用其散文《鹤望兰》；感谢郁泓老师同意引用其在 2017 年第十一届中国（郑州）国际园林博览会以鹤望兰为主花材的金奖作品《百鸟朝凤》照片；感谢江西省电子科研所副所长、高级工程师林镇伟先生、深圳市仙湖植物园管理处总规划师陶昕女士、仲恺农业工程学院园林园艺学院周厚高教授、华南农业大学温秀军教授在编译过程中给出的指导意见；感谢深圳市梧桐山风景区管理处张敏协助绘制相关图例；感谢旅日学者王继杰的热情帮助；在编著、译著、校稿过程中，还得到其他好友的热情帮助，不一一列举，在此一并感谢；感谢深圳市公园管理中心和深圳市梧桐山风景管理处对本书出版的支持！

王建跃

2020 年 4 月 2 日于深圳

目 录

上 篇

下　篇

上 篇

极乐鸟花的世界

序 言

——对极乐鸟花的执着及其研究成果

　　本书作者铃木 勇太郎先生，3 年前在他的力作《魅力之花——极乐鸟花的栽培与研究》的前言中写道：

　　20 年前，当我第一次看见极乐鸟花时，当即不假思索地决心试种。于是，我一次将 450 株苗木全部买下，苗木费用相当于我当时 5 个月的工资。那时，既没有种植设备，又不懂栽培技术，仅凭一腔热血和坚定种植极乐鸟花的决心。现在，在此著书，一言敝之，就是我对极乐鸟花饱含着感激之情。

　　另外在该书的后记中，铃木先生这样写道：

　　一方面人们栽种极乐鸟花，另一方面极乐鸟花也改变着栽种者。在栽种极乐鸟花 20 年之后的今天，我的人生观似乎也被极乐鸟花深深影响着。极乐鸟花形体粗壮，稳定性强，叶形给人们以锐利的印象。但是，它的慢生性对于致力于这种植物的经营者、研究者与兴趣爱好者来说，并非都是不利因素。因为任何事物的成功都不是一朝一夕就能得到的，正是它的慢生性带给人们以渐进式的启迪。

　　为此，铃木先生为了亲眼目睹长期生长在南非原产地的极乐鸟花，曾先后四次飞抵当地，考察行程相当于环绕地球一周。如今，他把心中对极乐鸟花千言万语的赞美，竭尽全力地收集起来，汇编成这本书！

　　植物，有一年生草本植物，也有多年生草本植物。书籍也是如此，有的书被人们匆匆翻阅后便放下了，有的书却在国内甚至国外的有识之士的书架上与权威研究机构的图书馆里，被永久地保存着。我想这一书当属后者，大家不会有异议吧！

平 尾 秀 一

昭和 56 年 11 月（1981 年 11 月）

前　言

极乐鸟花(*Strelitzia*)起源于何时，学术界目前尚未有定论。有的推测起源于数十万年前，有的认为起源于更古老的数百万年前，那时，被子植物演化进入到最旺盛的时期，地球气候逐渐变冷、变干燥，从而诞生了极乐鸟花。

极乐鸟花分布在南非的印度洋沿岸地区：科密特斯山丘 (Committees)、乌坦海治草原 (Uitenhage)、富勒海湾 (Fuller's Bay) 两边的山坡以及朝内陆延伸的德拉肯斯山脉之中……历经千百万年的演变，逐渐进化成为今天的极乐鸟花。学术界将他们分成 5 个种。

数千年前，那里是靠狩猎为生的布须曼兰人(南非的土著居民)的家园。直到300年前(1680年)，荷兰移民开始陆续来到这里开拓领地，面对陌生的环境，他们常常感到不安。在辛劳之后，看到这些美丽的极乐鸟花，他们内心倍感安慰。现在这里的地名还留有当时的历史痕迹。据史料记载，距今 120 年（1860 年）前，从南非中部南下的祖鲁族与被英国人驱赶而北上的荷兰人，在极乐鸟花的原产地发生了激烈冲突。也许，当时这里曾经血流成河。

当我来到历史悠久的极乐鸟花原产地，站在极乐鸟花面前时，不禁被她那神奇的姿态深深地吸引，于是，不由得企盼这弥足珍贵的极乐鸟花原产地能永远地保存下去。但是，人类无止境的活动使大自然遭受严重破坏，也危及着极乐鸟花的"圣地"，人们不能再次目睹她的原始风貌的时代即将来临。如今，已经有好几处原产地变成了放牧场所。一眼看上去似乎还很自然，但仔细地观察就会发现牛、羊把爱吃的草吃完了，取而代之的是长势茂盛的、带有尖刺的金合欢类 (*Acacia*) 植物和仙人掌类植物。这里的植被已经发生了变化，失去了原有的自然风貌。人为破坏更为严重的地方，现在已开垦成为农田或耸立起建筑物。面对此现状，我痛心不已，也只能尽己所能了，将这些为数不多珍贵的极乐鸟花原产地的情况记录下来。

尽管如此，我并不认为极乐鸟花是世界上唯一美丽的花。因为花都各有其美，从高贵热烈的玫瑰花、妖艳动人的蝴蝶兰，到令人怜惜的小草花，甚至还有在山冈上悄然开放的朵朵小花。她们的姿态与名字都洋溢着各自的动人和美丽，用盛开的花朵来表现其生命的精彩，这也是植物的独特之处吧！就如同聚集在各种各样美丽的花朵上的蝴蝶和蜜蜂一样，我们人类对于花也有各自的喜好。有的人喜欢玫瑰的无限热情，有的人感动于兰花的神秘高贵。一个人如此，一个民族也是如此，就像日本国民陶醉于欣赏樱花一样。每个审美个体，每个民族对于花的感觉和爱好亦是各种各样的。

正如我当初，对极乐鸟花一见倾心，直到 25 年后的今天，我依然觉得一旦离开极乐鸟花，人生将变得索然无味。于是，我要将自己多年来接触、了解的极乐鸟花的世界，尽可能地描述出来，刊印成书。希望这一书，不仅对从事专业栽培的人士有所帮助，而且对盆花种植者、以极乐鸟花为素材的艺术插花者以及极乐鸟花的爱好者都有所帮助。本书对极乐鸟花 (*Strelitzia*) 的前世今生进行了重点讲述。关于极乐鸟花栽培与研究的详细资料请参阅本人已出版的《魅力之花——极乐鸟花的栽培与研究》及《极乐鸟花与其相关报道》。

在印度洋西岸，蔚蓝的天空中飘着片片白云，在白云之下是广袤的南非，绵延的山丘，灌木丛生之处便是极乐鸟花的原产地，至今还闪耀着橙色的光芒！

铃木 勇太郎

1981 年 7 月 1 日

图 1 鹤望兰^① (*Strelitzia reginae*) 最美丽的原产地——南非东伦敦的贵里噶河口 (Kwelegha River)

现在全世界除了个别地区外，能看见鹤望兰栽培和鲜切花已经不是一件难事了，可是要想看到原生的鹤望兰却不是一件容易的事。不仅鹤望兰原产地数量稀少，而且它们远离城市，寂静地生长着。即使是生活在南非当地的人们，也很少有人亲眼看见过野生的鹤望兰；南非当地的植物工作者，也很少有人考察过鹤望兰属 5 个植物种的大部分原产地。随着人类的持续开发，它们将面临灭绝的境地，也许再也无法看到它的自然状态了，本书记载的内容就显得更珍贵了。

① 鹤望兰是极乐鸟花的一个代表种，狭义的极乐鸟花就是指鹤望兰。

图2　鹤望兰成为贵里噶河口美丽的风景线。水面波光粼粼，橙色光芒更加耀眼。摄于1981年6月15日

鹤望兰大量分布在离南非东伦敦东北部30千米处的贵里噶河口一带，从半山坡至山麓河床都有生长。与另一个重要产地普路托山谷（Pluto's Vale）相比，这一区域狭小些，鹤望兰居群数量也少些。

同时，这里也大量生长着尼古拉鹤望兰，其喜欢湿润肥沃的生境，而鹤望兰喜欢干旱不毛之地。朗朗晴空下，轻风拂面，一片宁静，恍如置身于"世外桃园"。

图3 南非大陆黎明中的棒叶鹤望兰（*Strelitizia juncea*）。无叶、笔直的茎杆粗线条地丛生一处，这种旱生特性非常适合这里广袤的沙漠环境。伊利莎白港以北年降水量只有400毫米，这里的生境条件比鹤望兰产地更加干旱与严酷。摄于1981年6月10日

南非的6月是冬季，气温低至5℃。黎明时分天气特别寒冷。我在此调研的5天时间里，有两天是在清晨赶着日出，披着美丽的朝霞来到这里。由于太冷，只好匆匆地观察一下，便逃回车上，驱车而返。

第一章 极乐鸟花概况

极乐鸟花（Bird of Paradise Flower）不仅非常美丽，而且因其形状酷似一只身着华丽衣裳的热带鸟，又被赋予一个很浪漫的名字——极乐鸟。此外，在阳光的照耀下，极乐鸟花闪烁着橙色的光芒，奇妙的花形极似鹤鸟[①]。初次见到这种花的人，无不被它的魅力所震惊、所吸引。当得知这花的故乡在非洲大陆的最南端时，它那具有异国情调的花姿便可以想象了。

极乐鸟花的日本名是由英文名 Bird of Paradise Flower 翻译而来的，因其与鹤喙相似，被昵称为鹤之花（Crance Flower）。学名 *Strelitzia* 是为了纪念英国的乔治三世皇帝的皇后、梅克伦堡·施特雷利茨（Mecklenburg–Strelitz）大公国家族出身的夏洛特·索菲娅公主（Sophie Charlotte von mecklenburg–Strelitz）[②]，而以她的名字命名该花。

极乐鸟花最早由班克斯（Joseph Banks）先生于 1773 年的大航海时代，从南非引进到英国。由于此花美丽而奇特，在英国国内引起了很大的反响。

此后的 200 年间，极乐鸟花作为珍贵的花卉被保存与栽培。直到第二次世界大战后，才在全世界范围内广泛栽培，也被广泛运用于插花艺术。在温暖地区，很多人喜欢将它种植于庭院。在原产地南非，它与帝王花一起作为国际之花，深受人们的喜爱。在美国的洛杉矶，市民也非常喜爱它，极乐鸟花被选为其市花。如今，极乐鸟花已成为世界之花。这不仅是因为人们喜爱它，还因为它在不同的地方、不同的气候都能健康生长，有着极强的适应性。

此花取名为极乐鸟花，并不是因为极乐鸟与这种花有什么关系。

极乐鸟栖息在亚洲热带地区，而极乐鸟花的故乡却是在非洲大陆的南部，相距数千千米，二者之间不可能有直接关系。仅因姿态和色彩相似而被如此命名，两者相近的名称易让人产生误解。如同花儿总是招蜂引蝶一样，极乐鸟花也会引得太阳鸟飞来采蜜传粉，如此看来这种花和鸟还是很有缘分的。至于是因为花的形状、色彩，还是花蜜吸引了小小的太阳鸟，我们无法探知。的确，极乐鸟花的形态构造与太阳鸟吸食花蜜为之传粉似乎都很和谐。由鸟作为媒介来传播花粉的花称为鸟媒花。

有趣的是，极乐鸟花具有的异国情调姿态，让人们一见到它，就很自然的想到是来自"地球另一端的异国之花"。极乐鸟花的原产地在距日本最遥远的南非，南起开普省东部地区，北由纳塔尔省到德兰士瓦省，仅在印度洋沿岸的一部分狭窄地区有少量的野生种分布。根据植物学界最新分类，鹤望兰属包括 3 个有茎类种［尼古拉鹤望兰（*Strelizia nicolai*）、白冠鹤望兰（*Strelizia alba*）、具尾鹤望兰（*Strelizia caudata*）］和 2 个无茎种类（鹤望兰、棒叶鹤望兰）。

在鹤望兰和棒叶鹤望兰原产地附近的伊丽莎白港市，所有市民亲近的场所，如市民的庭院、公园、公路的隔离带及其他一些场所，到处都种植着鹤望兰。唐金自然保护区内的中心地带有一座可俯视港口的高塔，周围种植着数十年以上株龄的鹤望兰和棒叶鹤望兰大植株。

[①] 中国一般把 *Strelitzia reginae* 称作"鹤望兰"，寓意仙鹤遥望蓝天。

[②] Sophie Charlotte，1744—1818，是德国梅克伦堡·施特雷利茨（Mecklenburg-Strelitz）大公国的公主，嫁给英国乔治三世（George III），成为英国的皇后。

图 1-1　南非伊丽莎白港市的唐金自然保护区（Donkin Reserve）

图1-2 洛杉矶潘兴广场 (Pershing Square) [1]

　　鹤望兰作为洛杉矶市市花，在许多街心公园都有种植。在繁华的潘兴广场也种植了很多鹤望兰，伴着许多飞舞的鸽子，让来到这里休闲的人们心情愉悦。

① John Joseph Pershing 约翰·约瑟夫·潘兴（1860-1948），美国陆军上将，第一次世界大战时任美国远征军统帅。该广场为纪念潘兴而命名。译者注。

图1–3　鹤望兰插花作品（草月流，制作于紫光馆，制作人：中村早智子、池田顺子）

鹤望兰鲜花常用于花艺。从图1–3这样舞台装饰的大型作品到一般的小作品，鹤望兰切花可以由插花人随心所欲地使用。但因为花卉名贵，应用并不广泛。

图1-4　纸花鹤望兰也出现了！花店老板娘说道：
"插花者受到日本'池坊'插花艺术流派的影响"。
摄于伊丽莎白港市的鲜花店

图1-5　以鹤望兰为主题，配以红掌的插花艺术作品，
尽显夏威夷风情。摄于檀香山某鲜花店

第二章　极乐鸟花的分类和自然分布

极乐鸟花自然分布于南非，南起东开普省的东部，沿印度洋沿岸到纳塔尔省，北到内陆地区德兰士瓦省的北部，在一块长约 1500 千米的狭长地带内。一般情况下，不同的种类产地也不同，偶尔也出现混生的情况。例如，斯戴乐威儿村（Steytlerville）、文斯特厚科（Vensterhoek）混生着棒叶鹤望兰与鹤望兰，东伦敦市的贵里噶河流域的鹤望兰则与尼古拉鹤望兰混生。

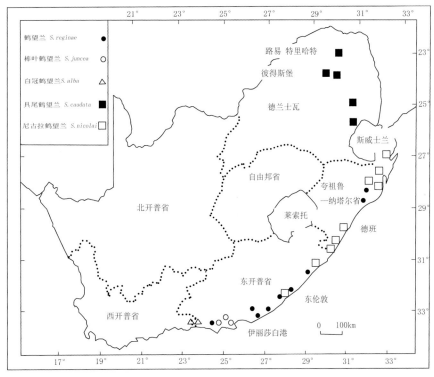

图 2-1　极乐鸟花分布图。引自南非伊丽莎白港大学，范德·文特尔（H. A. Van de Venter 1974）

图 2-2　具尾鹤望兰分布于德兰士瓦省格拉斯库普（Gras-kop）的丘陵草地。半山腰处自然分布着具尾鹤望兰

13

图 2-3　鹤望兰花的形态

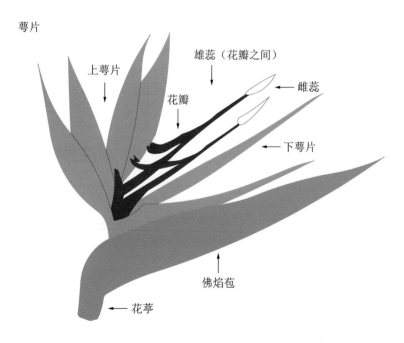

图 2-4　鹤望兰花的形态图

第一节　鹤望兰（*Strelitzia reginae*）及其原产地

Strelitzia reginae M.Banks　　1789

鹤望兰学名的种加词 reginae 是女王的意思，之所以用这个词，是因为英国人觉得这种花具有女王般高贵典雅的气质。鹤望兰是在明治时代初期 (19 世纪六七十年代) 引进日本的，直到第二次世界大战之后才广为人知。由于此花至今依然属于名贵的花卉，因此鹤望兰的广泛应用还需要一段时间。

鹤望兰是极乐鸟花之中最易栽培、用途广泛的花卉，可用于鲜切花、盆栽、庭院种植。狭义的极乐鸟花指的是鹤望兰，可以说鹤望兰亦是极乐鸟花的代表品种。

鹤望兰花的结构与普通花一样，萼片（看上去像花瓣）为橙色，花瓣（呈舌状突起部分，有雌蕊）青紫色，近年来还发现有萼片黄色的品种；从花朵的颈部到头部称为佛焰苞，一般长 15 厘米左右，从里面不断地开出花朵来，最高记录开出 9 朵。一枝花可以连续开放 1~2 个月。花期的持续时间也很长，一年中不断地开花，一般是从夏末到翌年的初夏约 10 个月，盛夏开花较少。植株高度从 40 厘米左右的低矮型，到高达 3 米的高大型植株均有。叶片的形状、长度、宽度的差异也很大。

图 2–5　加利福尼亚的春天来得早。离开洛杉矶市后，抵达笼罩在一片祥和气氛下的帕萨迪纳市，遇见了种植于其政府大院中心的鹤望兰。摄于 1981 年 3 月 2 日

15

图 2-6　在通往对面山丘半山腰的山路眺望，宽阔的普路托山谷的风光尽收眼底，在山坡右边的野生鹤望兰，叶片闪耀着点点的银光，释放着无穷的魅力，令人深感震撼

图 2–7　鹤望兰原产地的中心地带位于山丘的中间往西北方向的山坡

一、普路托山谷（Pluto's Vale）

鹤望兰的原产地从东开普省东部的帕滕西到纳塔尔省，有数处分布，多是散生状态，几株至十几株不等。在科密特斯山丘（Committees）的普路托山谷中，是鹤望兰最具有代表性的产地，聚集着超过数十株高大型植株。

在南非，这些珍贵的鹤望兰原产地随着日益高涨的开发浪潮面临着逐渐消失的命运。

其遭受破坏的原因之一是土地开发。临近城市的原产地，高楼拔地而起；稍远一些的原产地也变成了农田；偏远的原产地则变成了牧场。而南非的土地大部分属于私有的，想制止开发是很困难的。1975年我第一次去调查时，原产地还保留着原始风貌。仅在5年之后的1980年，第三次去调查时，有几处已经变成了牧场。一眼望去，似乎还保留着原样。但仔细观察，嫩草、树木的嫩叶以及鹤望兰的叶子都被牛羊吃光了，原始面貌荡然无存，取而代之的是如今的荒芜。

鹤望兰的原产地遭到破坏原因之二是被盗挖。有的居民为了美化自家的庭院，来此挖掘。因此，靠近城市的地方被破坏的较为严重。在原产地南非境内任何地方都适合种植鹤望兰。在伊丽莎白港市和东伦敦市，无论走到哪里，映入眼帘都是较为普通的花木。而鹤望兰无论是苗木也好，鲜切花也好，价格都很昂贵。所以，心怀不轨之人便悄悄地盗挖野生植株，种植于自家庭院。这种事在任何国家都会发生。因土地开发与盗掘，而使鹤望兰面临灭绝的命运。

普路托山谷是年降水量仅400~500毫米的干旱地区，几乎属于半沙漠状态，土层浅薄，土地贫瘠。在如此环境下，植物要维持自己的生命已非易事，繁殖许多子孙后代更是不太可能。因此，一旦遭遇盗挖，鹤望兰很难再恢复成原来的样子！

虽然，这种可悲的事情还在继续，在普路托山谷，我们还是很幸运能看到起源于数十万年前，甚至是数百万年前的鹤望兰，似乎能看到它诞生时的样子。在四周群山环绕寂静的山谷里，有着数百年株龄的鹤望兰大植株，为了证明自己的生命力，尽情挥洒着辉煌的橙色之光。

普路托山谷的鹤望兰，生长在山丘略高的东北陡坡上。虽然直线距离仅100米左右，但因为这一地带长满了有尖锐长刺的金合欢属植物（Acacia）灌木丛，即使带有砍柴刀和登山设备，靠近目标也非常不易。

普路托山谷位于远离人烟的山林深处，地形陡峭，到处都是裸露的岩石和陡坡，是不适于放牧的地方，人们无法轻易到达才使普路托山谷成为鹤望兰圣地，得以保留这份宁静！

生长在普路托山谷的鹤望兰，至今保持着古老的姿态，是非常难能可贵的！站在这里，我是多么希望时光能停滞于此。面对没有经过任何人类活动干扰的、自然分布的鹤望兰产地，所有的烦恼都随风而逝，使人全身心融入其中，享受着鹤望兰的卓卓风姿。

图2-8　山丘的中间往东南方向的山坡，鹤望兰消失了，取而代之的是2米多高的低矮丛林

图 2-9　明媚阳光下盛开的鹤望兰

　　即使是原生种，其个体之间也存在着明显的差异，开花数量不等，花期也不同。在南非调查时，有的植株在冬天的 6 月上旬鲜花盛开；有的植株在早春的 8 月开花；有的植株长期只开少量的花；还有的植株几乎就看不到花朵。这种特质，在我们栽培的鹤望兰中也继承了下来。

图 2-10　大戟属龙骨木（*Euphorbia* sp.）立在鹤望兰身旁俯视着它

　　鹤望兰的根部看起来发白，老叶子枯萎后落下来，看起来好像是保护着根部，这种特性类似于芦荟。

图 2–11 鹤望兰伴生在大戟属龙骨木
(*Euphorbia* sp.) 巨大植株的根部周围

在棒叶鹤望兰和鹤望兰的原产地有很多的野生芦荟和龙骨木分布,龙骨木也很多。在普路托山谷大植株非常醒目。

图 2–12 这是我在普路托山谷,距鹤望兰植株最近的道路上,用 300 毫米长镜头拍摄的特写

图 2-13　这里是人们无法靠近的普路托山谷的陡坡面，用 1000 毫米长镜头拍摄到的境况是人们用肉眼无法看见的
　　　龙骨木植株特别高大的，而鹤望兰散生在低矮的荆棘丛生的灌木林中。可以看见中间部分的土壤被雨水冲刷，
裸露出了岩石。如此陡峭的坡面正是适宜鹤望兰野生分布的地方。

图 2-14 即使在这样土壤贫瘠的地方，鹤望兰植株也生长相对密集，鳞次栉比，是我见过鹤望兰聚集最密集的地方了

图 2-15 在普路托山谷，鹤望兰多生长在半山腰处。从远处看，芦荟的花比鹤望兰的花大，更加醒目

图 2-16 普路托山谷西北面的山坡

这是鹤望兰的分布边界线。裸露的岩石看不见了，随着灌木丛林的出现，鹤望兰也消失了。这个山坡的山脊连着爱卡关（Ecca Pass），在那里还有鹤望兰的分布。

22

二、爱卡关（Ecca Pass）

从格雷厄姆斯敦（Grahamstown）往东伦敦方向走国道 2 号线，在岔道口向北行约 20 千米，来到上山的路，渐渐看不到人家了。这里是去福特宝伏特街(Fort Beaufort)的途中，称为爱卡关。从这里再往东走，便是普路托山谷，离得很近。

从国道旁的矮岩石攀登上去，可以看见分散的鹤望兰。这里的鹤望兰大多是株高 50~80 厘米的矮种型，大型植株较少，而且分布数量少，零零星星，少得能一眼看清楚株数。该地区光照很强，结实的叶片和茎看起来很强壮，好像很健康。这里的灌草丛低矮且密集，看不到鹤望兰傲然挺立的姿态，混生在大部分只有一米来高的灌丛之中，大多只能看见鹤望兰的花和叶片。

清澈的蓝天下，干爽的空气中，鹤望兰盛开着鲜艳的橙色花朵，好像在与美丽的芦荟花斗艳似的。逆光看向花对面的方向，南非独特的平缓山丘绵延不断。尽管我们在温室里看见的鹤望兰也很美丽，但是在这里不仅仅是花的美丽，还有鹤望兰的花与原产地的自然融为一体所构成的和谐之美。

图 2-17　爱卡关
　　位于格雷厄姆斯敦城北约 20 千米处，旅行者在路边也能欣赏到鹤望兰花。图中是一种只有 50~60 厘米高的矮小型鹤望兰。

图 2-18　远眺科密特斯山丘之上

　　通过望远镜可看到灌草丛中的鹤望兰，但只能看到其花和叶。图右侧向下处是普路托山谷，鹤望兰总是分布在坡顶，从不分布于谷底。

图 2-19　在山丘的灌丛中，寂静地开放着的鹤望兰

　　图中鹤望兰属于矮性品种，如果不专门去寻找的话，根本看不见。拨开灌丛走近鹤望兰，因灌木长了尖锐的刺，脸和手不小心就会被划伤，衣服和裤子也会被划破。

三、富勒海湾（Fuller's Bay）

靠近特兰斯凯山脉的东伦敦市屡遭干旱袭击，当地昼夜温差极大。即使是早春，中午在车内，如不开车窗的话，也能感到酷热难耐，而早晚却感到异常寒冷。

在郊外帕琺洛河附近的山丘，未发现鹤望兰活植株。好不容易找到一株，但也已枯萎了，不知是被挖掘了，还是不胜严重干旱而枯萎，其原因不明。看来鹤望兰的产地正在渐渐地消失。而距东伦敦市仅4千米左右的富勒海湾，风景优美，在靠海边的小山冈的山坡面有许多大岩石，一边踏过约30厘米高密密麻麻的野草，一边攀登30米高后，终于到达了位于半山腰的鹤望兰生长地。

我以往看到的鹤望兰和棒叶鹤望兰的原产地都是离海边数十千米的内陆，如此临近大海的还是第一次。这里离海边的直线距离大约只有100米，因周围都是岩石和低矮的草丛，故鹤望兰非常醒目，很容易被发现，但数量很少，约10株。

与伊丽莎白港相比，这里的鹤望兰花期结束得早些，大概是中午气温高的缘故吧！凋谢的花杆挂着有种子的蒴果，即便如此，周围竟没有发现一株小苗。在这样干旱的环境下，即使每年结种子，发芽、生长也是不可能的。在宽阔的山坡上，只能看到很少的野生植株，可能就是因为数十年才有一次种子发芽、生长的机会。而这样的机会，取决于能否出现罕见多雨的年份。

即使是靠海的山丘，土地也很干旱，鹤望兰的株高仅50~80厘米。被潮湿的海风吹打，叶片上留下很多伤痕。普路托山谷的鹤望兰叶片在阳光下闪烁着银光，而这里富勒海湾的鹤望兰叶片却没有光泽。她们顽强地与海边的恶劣环境作斗争，真是令人感慨！我深深地感到鹤望兰的生命力是如此的顽强。即便如此，在周围还是发现有刚挖掘后留下的新洞穴。因为这里离市区很近，容易被发现。我不由得担心这里的鹤望兰也离灭绝之

日不远了！

印度洋的波浪涌上来，散成了银色的碎片。鹤望兰橙色的花朵似星星点点的宝石，镶嵌在可以俯视海滨的山冈上，无尽的涛声随海风吹来，这是多么美丽的地方啊！

图 2-20　作者正在实地进行调查。摄于 1980 年 8 月 30 日

图 2-21 富勒海湾迎风面的山冈

　　南面方向，遥远水平线的那一边，在云彩之下是伊丽莎白港市吧！东伦敦市由于气候的关系，鹤望兰的物候期早，相比于还是早春时节伊丽莎白港市的鲜花正盛开着，这里，大多数鹤望兰已结种子了。

图 2-22　与海风顽强斗争的鹤望兰，在半山腰俯视印度洋波浪翻滚，浪花散落在海边。摄于 1981 年 6 月 15 日
　　野生鹤望兰数量极少，海边的原产地就显得更为珍贵。虽是冬季，还有很多开放的花朵。

图 2-23　为躲避海风，生长于
灌丛深处的野生鹤望兰
　　深感鹤望兰在严酷的环境
下的顽强生命力。

四、戈努比自然保护区（Gonubie Nature Reserve）

戈努比自然保护区位于从东伦敦市区往东北 15 千米的郊外，靠近海岸，是以沼泽为中心的自然保护区。面积较小，仅 8 公顷。保护区小心翼翼地保存着芦荟、射干、水仙、帝王花等珍稀植物。

走进保护区一角，虽然植物数量少，但可以看到野生的鹤望兰与尼古拉鹤望兰，总共只有 20 株左右。可能是阳光充沛的缘故，开花很多。不可思议的是，其生长在如此靠近沼泽的湿润之处，周围没有林立的树木。

这里还是野生鸟类的乐园，据说周边的鸟类超过 130 种。随着住宅用地开发的逼近，保护区周围用铁丝网围了起来，这令人感动的努力，让我觉得与其说是在南非，更像是在日本发生的事。

土壤潮湿度适中，生长空间富裕，我认为这里的自然条件对鹤望兰而言，已经是很优越的了。但意外的是，鹤望兰竟没有繁殖出幼苗。

鹤望兰位于草丛周围的产地很罕见。它大多生长在干旱的裸露坡地，或者与灌丛混生在一起，多是荒凉之地。

图 2-24　戈努比自然保护区的野生鹤望兰

五、贵里噶河口（Kwelegha River）

贵里噶河口位于东伦敦市区往东北方向约 30 千米。从贵里噶河口往里约 300 米，在河岸的斜坡和断崖处，散生着数量较多的中型鹤望兰。斜坡上的鹤望兰，因土层深厚，享受着丰沛的水资源，长得较大。而长在岩石缝隙中的鹤望兰因干旱和养分不足，植株显得较为矮小。

通往海岸的砂石道路位于悬崖的上面，鹤望兰的野生分布则从断崖的中间至临近河流的地方。这样的地方一般不易被发现。

如果没有昆斯公园（Queens Park）的奥德尔（J.R. Odell）园长带路，我们是无法找到这里的。

即使如此，从陡坡下来，走到鹤望兰植株边也不是件容易的事。一脚没踩稳就可能会跌落到几十米下的河里。到处是突起的岩石，有的还很巨大，有的地方如不系安全带，是无法靠近鹤望兰的。

有意思的是这里还是尼古拉鹤望兰的产地，这一点非常难得。极乐鸟花一般因品种不同，产地亦不同。这大概是因为物种发生的经历和环境适应性不同所致吧！于是，我对贵里噶河岸的鹤望兰产地产生了更加浓厚的兴趣。

据观察，鹤望兰多分布于干旱、多岩石的东面山坡上，尼古拉鹤望兰多生长在临近西边河流的潮湿地带。东北方向的对岸的低洼之处还生长着树木，根本看不见鹤望兰，只能看见尼古拉鹤望兰。

奥德尔先生在脚边发现一株半年生小苗，在鹤望兰的产地发现小苗对我来说还是第一次，非常难得。

我们站在河岸上，感受着从河面吹来凉爽的风，顺着河流的入海口，可以看见波涛汹涌的印度洋。从海面吹来的风是冰冷潮湿的，而在对岸的河面上笼罩着晚霞。这时，我听到的远处的涛声伴着小鸟的鸣叫声，构筑出一幅美丽的风景。从鹤望兰数量之多和富有生机的景色来说，普路托山谷是最具代表性的产地，仅就风景优美方面来说，这里也是最美的！多么令人感动的大自然啊！

中午过后，海水开始涨潮逆流入河。逆光下的水面波光粼粼，橙色的鹤望兰花非常美丽夺目。有鹤望兰花盛开的这个地方，真是美的无以伦比，简直就是"世外桃源"！

远望印度洋海天一色，湛蓝的海水，洁白的波浪拍打着海岸。岸边林木茂密，在断崖处可以看见鹤望兰与尼古拉鹤望兰。

由奥德尔（J.R. Odell）先生引路，当我站在山崖上那一瞬间，激动得几乎窒息，无法言语。

此后，犹如梦境般行走在山坡上，终于找到了鹤望兰。一上午的时间过得真快啊！面对非常重视午餐时间的我，奥德尔先生露出了苦笑。在这极乐鸟花的原产地，伴着海风，奥德尔夫妇与其母亲加上我四人围坐在一起，享受着别具一格的南非风味烧烤，对我来说，没有比这更奢侈的午餐了！凉爽的海风吹干了汗水，满怀感激的我一点也不觉得冷。

图 2-25　位于贵里噶河口附近的鹤望兰产地

图 2-26　面向河面，呈飞翔姿态的鹤望兰花

图 2-27　从陡坡顺道走下山崖，别有一番景象

图 2-28　在河岸的陡坡上，巨大的岩石附近长有许多鹤望兰

图 2–29　仰望山顶，奥德尔先生临崖远眺

图 2–30　鹤望兰与尼古拉鹤望兰相伴而生
　　一般而言，鹤望兰长在干燥的高地上，尼古拉鹤望兰则多生长在潮湿、低洼的地方，各择其所而居。

图 2-31　通过长镜头发现在鹤望兰植株边的大岩石上有只灰兔，它似乎知道我们不会立即靠近，依然悠闲自得

　　虽然在克鲁格国家公园（野生动物保护区）看到过几次这样的灰兔，但在鹤望兰的产地相遇，还是第一次。这种动物喜欢生活在岩石地带，与鹤望兰栖居在一起，就并不奇怪了。

图 2-32　在草丛中发现了珍贵的鹤望兰小苗

33

六、那胡水库（Nahoon Dam）

东伦敦市周围有许多鹤望兰产地，位于市区北面内陆约 20 千米的那湖水库也是其中之一，是难得的远离海边的鹤望兰产地。

在面向西北的悬崖之下也有鹤望兰生长，需要系着安全带才能下去，否则只能从相距约 200 米的对岸用望远镜观察。尼古拉鹤望兰因株形较大，容易被发现。而鹤望兰许多的野生种群，若不是向导亲自指引，则很可能隐没于山中很难发现。

这里的鹤望兰大多生长在岩石旁，偶见于草多坡缓之处。这里的自然地理环境与贵里噶河口的山崖很相似。也许是因为雨量大，导致水库水位升高的缘故，有的鹤望兰植株生长在靠近水面的地方；有的鹤望兰植株一半已浸在水里。但我想水库建成之前，河岸一定还没有被水淹，所以，目前这种情形应该是人为活动的结果。

图 2-33　使用 1000 毫米的长镜头才能看见自然状态的鹤望兰

因为人们不可能到达，因此生长在那儿是非常安全的。

34

图 2-34　那湖水库岸边的鹤望兰产地，有为数不多的的鹤望兰，仅生长在白色岩石的坡地上，地域狭窄

图 2-35　用 300 毫米的长镜头不能将鹤望兰拍摄清楚，可午后的阳光照射到波光粼粼的湖面和悬崖之间，鹤望兰便清晰可见

七、格林费治（Green Fields）

东伦敦市向西北约 10 千米就到了帕琺洛关，再往西前进，来到格林费治山脚下，农庄附近宽阔区域的一角有少量的野生鹤望兰。

穿过菠萝地约 1 千米后，踏上了蜿蜒崎岖的山路，这不禁令人想起日本山道的风景。这里的灌丛很高，鹤望兰隐没其间，很难被发现。但由于来到这里之前，我们已充分积累了寻找野生鹤望兰的经验。与往常一样，我们径直朝岩石方向前进，在土层浅薄的山坡上没有发现鹤望兰，却在有许多大岩石的西北坡发现了少量中型植株的鹤望兰。大概是有岩石的地方相对干燥，丛林疏散，光照充足，适合鹤望兰生长。

图 2-36　可能是因为这里光照不足，调查地只有 1 株鹤望兰，开了 1 枝花

图 2-37　在母株附近的岩石缝里，发现了去年（1980 年）夏季发芽，株龄约半年左右的小苗

　　之前调查了 3 次，均未在此发现有小苗。第四次来时，却发现了二处，都是不足 1 年的幼苗。或许是去年（1980 年）降雨充沛的原因吧！

第二节　棒叶鹤望兰（*Strelitzia juncea*）及其原产地

***Strelitzia juncea* Andrews　1805**

棒叶鹤望兰与鹤望兰花的基本形态特征相同，不过棒叶鹤望兰的株形相对有些特别。叶片基本退化了，仅剩下尖尖的茎（实际上是叶柄）笔直向上伸展，一丛线形叶柄衬着橙色的花朵，表现出特别的韵律和线形美，洋溢出和谐统一的美。

按以往的分类方法，棒叶鹤望兰被视为是小叶鹤望兰（*S. parvifolia*）的一个变种。近年来，根据伊丽莎白港大学的范德·文特尔（Van de Venter）教授的研究，小叶鹤望兰应包括在鹤望兰（*S. reginae*）之中[①]，而棒叶鹤望兰应是一个独立的物种。

棒叶鹤望兰仅自然分布于伊丽莎白港市的北部，这里环境恶劣，年降水量仅约 400 毫米。根据范德·文特尔教授的研究，棒叶鹤望兰是鹤望兰为了适应干燥的气候，基因突变后形成的一个新物种。事实上，棒叶鹤望兰因为没有叶片，对水分要求少，光合作用仅靠"茎"（实为叶柄）来进行。

图 2-39　在可以俯视大海的山丘之上的棒叶鹤望兰，位于唐金自然保护区（Donkin Nature Reserve）中心

棒叶鹤望兰以前被认为是小叶鹤望兰的变种（*S. parvifolia* var. *juncea*），但根据文特尔教授的研究，小叶鹤望兰这个名字（*S. parvifolia*）应予以废弃，棒叶鹤望兰（*S. juncea*）则作为一个独立种类处理。

图 2-38　在乌坦海治（Uitenhage）城镇街上种植的小叶鹤望兰

按照现在的分类，应将其归入鹤望兰，准确地说，应该是鹤望兰与棒叶鹤望兰之间的一个杂交种。这个品种在道路隔离带种植的数量很多。

---

① 作为其同物异名 (synonymy)，即 *S. parvifolia* 作为 *S. reginae* 的异名处理，译者注。

一、乌坦海治草原（Uitenhage）

我调查了数处棒叶鹤望兰的产地，均因开发和盗挖而消失殆尽，保留下来的原始状态的产地已不多见了。

乌坦海治是棒叶鹤望兰具有代表性的产地之一，但由于人们近来开始在这里牧羊，原生境正逐渐消失。

乌坦海治镇位于伊丽莎白港市西北方向约50千米处。在通往乌坦海治镇北部的斯戴乐威儿村（Steytlerville），约16千米的砂石路从棒叶鹤望兰产地中间穿过。这条路的两侧，在长约200米，宽约20米的范围内散布着约数十株的棒叶鹤望兰。硕大的植株散生在稀疏的灌木丛中，很难发现小苗或幼龄植株，大部分是数十年以上的大型植株。这或许是因为年降水量仅400毫米左右，自然落下的种子很难发芽生长所导致的吧！

这里的山丘非常开阔，地势较高，没什么可以遮挡住阳光，棒叶鹤望兰从日出到日落，都充分沐浴在阳光中。棒叶鹤望兰笔直的茎和远处朦胧绵延的山丘构成一幅美丽的风景画。在这样的风景之中，茎粗叶茂的植物看上去是不太和谐的。棒叶鹤望兰没有任何多余的构造，仅留下简洁的茎姿。这种简洁与干旱的草原倒是相得益彰。在南非起伏的山丘之中，暗红色和白色的花在绿色背景下是不太醒目的。而橙色的极乐鸟花映照在其中，即使从远处也很容易看到。配以麦穗一样盛开的橙色偏红的芦荟花，非常鲜艳，与极乐鸟花共同为草原增添了很多光彩。在被美景陶醉的同时，我不禁在想，沐浴着强烈的阳光，闪耀着美丽光辉的棒叶鹤望兰，在原产地乌坦海治，可以生存到何时呢？

图 2-40　棒叶鹤望兰和芦荟自然生长在一起

图 2-41　夕阳下的乌坦海治产地的东南坡

　　这里的山丘起伏比较平缓。从远处看，山丘的土壤条件和植被情况与鹤望兰的生长环境相似，但是，此地仅有棒叶鹤望兰野生分布。

图 2-42　乌坦海治产地的平缓山丘

　　在坡度平缓的山丘顶部，棒叶鹤望兰在灌林丛中生长。

图 2-43　在朝阳的照耀下，棒叶鹤望兰橙色的花朵散发出点点金光。摄于 1980 年 8 月 27 日

　　棒叶鹤望兰，多年生大植株高达 2 米，开花不多，但这张照片上的花芽属较多的，一般很难看到。

图 2-44　生长于灌木丛之中的棒叶鹤望兰

图 2-45　夕阳西下的乌坦海治山丘，气温已开始下降了

图 2-46　较为平缓的山丘，一直延伸到这片棒叶鹤望兰产地的边界，向北面山地逐渐抬升

　　这里的丛林空隙较多，可以设法穿行过去。

二、蓝崖（Bluecliff）

从果树主产区森迪斯河谷（Sundays River Valley）中心区的柯克伍德街（Kirk wood）往南约 30 千米处，从乌坦海治产地往东约 15 千米处，便是蓝崖（Bluecliff），在其附近，发现少量棒叶鹤望兰植株。在伊丽莎白港市的寇嘎扩普（Coega Cop）和乌坦海治镇附近，棒叶鹤望兰现在都已绝迹了。迄今为止，棒叶鹤望兰的原产地仅剩乌坦海治和蓝崖这二处了。

从伊丽莎白港市到格雷厄姆斯敦的鹤望兰和棒叶鹤望兰的产地，都伴生有橙红色的芦荟（Aloe speciosa）和非洲芦荟（A. africana）。两者繁殖条件非常相似，但有芦荟分布的地方不一定有极乐鸟花分布。因此，在探寻极乐鸟花的过程中，十分鲜艳的芦荟花可以提供很好的线索。

因为这里的灌丛比乌坦海治产地的灌丛深，树木也较高，所以寻找棒叶鹤望兰很费力。或许是因为这里土壤潮湿，阳光又被灌木遮挡的缘故，棒叶鹤望兰的花芽并不多。尽管调查时正值 6 月，棒叶鹤望兰盛开的时节，但我们却没有看到它的花朵。

棒叶鹤望兰的产地远离人烟，我一边聆听太阳鸟欢快的"唧——唧——"的鸣叫声，一边艰难地在灌丛中穿行。经过一番跋涉，我们终于见到了棒叶鹤望兰的身影。我久久地凝视着它，时间仿佛停止，静静地等待夕阳西下，地平线上的天空已被夕阳染红。当白天的炎热渐渐退去，丝丝凉意袭上心头。小鸟们也停止了鸣叫，万籁俱寂，映入眼帘的只有在寂静森林中傲然挺立的棒叶鹤望兰。一丛丛笔直的茎秆 (叶柄)，在夕阳的映照下，构成了一幅美丽的剪影。这里就是极乐鸟花的产地——南非！这简直是另一个世界。

图 2-47 蓝崖产地的棒叶鹤望兰比其它地域的花少，但叶色浓绿

图 2–48　分布于蓝崖原产地的棒叶鹤望兰

　　在它的周围有芦荟（*Aloe*）、虎尾兰 (*Sansevieria*) 和龙骨木 (*Euphorbia*)，甚至可以看见仙人掌 (*Opuntia*)。

第三节　尼古拉鹤望兰（*Strelitzia nicolai*）及其原产地

Strelitzia nicolai Regel and Koern 1858

尼古拉鹤望兰的气度不凡，温柔而高贵。这个名字是为了纪念俄罗斯帝国的尼古拉皇帝而起的。原产于南半球非洲大陆的最南端南非的尼古拉鹤望兰，被引种到北半球欧亚大陆最北端的俄罗斯，在圣彼得堡（Saint Petersburg）皇家花园的温室中得到精心培育，于 1858 年开花。在冰天雪地的俄罗斯，尼古拉鹤望兰的花朵无疑在这一片银白色的世界中大放异彩。

尼古拉鹤望兰从冬季到春季开花较多，一支花苞可连续数月不断地开出花朵。所以在植株多的地方，你会觉得它好像一年四季开花不断。尼古拉鹤望兰的花，第一朵从佛焰苞开出来后，接连从佛焰苞中长出第二个佛焰苞、第三个佛焰苞，甚至最多出现 5 个佛焰苞。

至今，极乐鸟花的研究进展还是很缓慢的，研究成果也没有得到推广普及，以致于有些人将大型有茎类极乐鸟花误称为大鹤望兰（*S. augusta*）的事时有发生。但是，*S. augusta* 是分类和种的特征不明确时的旧名称。现在已不再使用 *S. augusta*[1]这个名称了。植物分类学上，有茎类分为 3 个种，正确的名称分别是尼古拉鹤望兰（*S. nicolai*）、白冠鹤望兰（*S. alba*）和具尾鹤望兰（*S. caudata*）。在日本，栽培的有茎类基本是尼古拉鹤望兰。而白冠鹤望兰、具尾鹤望兰是极少栽培的。所以，当人们看见大型极乐鸟花时首先想到的便是尼古拉鹤望兰。

尼古拉鹤望兰与无茎类的鹤望兰和棒叶鹤望兰相比，略怕寒冷。它主要分布于南至东伦敦，经纳塔尔省的南海岸和德班，北至祖卢兰的亚热带、热带气候的沿海地带。与无茎类鹤望兰相比，尼古拉鹤望兰因叶片宽大、柔软、含水量高，水分蒸发较快。因此它适合生长在水分充沛的地方，大多分布于流入印度洋的入海口区域附近的岸边。

一、有茎类鹤望兰的区分方法

极乐鸟花 3 个有茎类种类非常相似，一般很难分清，容易混淆。

在此，把这 3 个种的主要特征与不同点列举如表 2-1，我们可以看出它们在株形方面几乎没有区别，只有花存在着微小的差别。

表 2-1　有茎类形态比较表[2]

		尼古拉鹤望兰	白冠鹤望兰	具尾鹤望兰
高度		约 10 米	约 10 米	约 6—10 米
干径		10—15 厘米	8—12 厘米	10—15 厘米
叶长		1.5—1.75 米	1.5 米	1.5—1.75 米
叶宽		60 厘米	45—60 厘米	80—85 厘米
腋芽		多	稍少	多
佛焰苞	长度	30 厘米	25—30 厘米	30 厘米
	颜色	暗红紫色带有白粉	同左	同左
萼片	上下萼片	白色，有时基部呈浅紫色	白色	白色，有时基部浅紫色
	下萼片形状	没有突起	没有突起	如细长的尾巴突起

[1] 现在分类学已把大鹤望兰（*S. augusta*）归入白冠鹤望兰（*S. alba*）之中，而 *S. augusta* 作为异名而废弃。
[2] 此表根据迪尔（R. A. Dyer）在 1946 年出版的《非洲有花植物志》第 25 卷中的描述为基础制作，该书通过南非纳尔斯普瑞特（Nelspruit）柑桔类及亚热带果树研究所的格勒布勒（Grobler）博士得到。

图 2-49 尼古拉鹤望兰的幼株

从山丘上下到路旁，在通往伊丽莎白港市的主干道的坡道处，在山崖下面的花坛里种着的一行尼古拉鹤望兰。

图 2-50　尼古拉鹤望兰的花

在第一个大佛焰苞中，不断长出小的佛焰苞，开到第二、第三个佛焰苞。这种花的构造非常丰富，能开出许多的花。

图 2-51　种植于伊丽莎白港市的唐金自然保护区的尼古拉鹤望兰

图 2–52 在东伦敦市的昆斯公园（Qeens Park）内，种着好几处尼古拉鹤望兰，都是生长旺盛的大植株
　　　高达 10 米的大型尼古拉鹤望兰和左下方看起来很小的鹤望兰相映成趣。

图 2-53　东伦敦市的昆斯公园里的尼古拉鹤望兰

由于阳光充沛,花开得非常多。

图 2-54　太奇妙了! 尼古拉鹤望兰附生在昆斯公园内动物园里的树木上, 其根绕过树木的枝干延伸至地面

因极乐鸟花属地生种, 如果生长环境与原产地的条件相似, 这种情况也会发生的。我连续 2 年观察, 发现在这种情形下的尼古拉鹤望兰生长非常缓慢。

二、尼古拉鹤望兰的原产地：
东伦敦附近

从东伦敦市出发，向东北方向行进约 1 小时，我们来到了常年干旱的特兰斯凯山脉。再往东向海边前进，跃入眼帘的是平缓而绵延的山丘。山丘几乎都变成了牧场，农田较少。这里异常干旱，几乎看不到树木，山坡上稀疏地长着一些枯黄的小草，一片荒芜。奥德尔（J.R. Odell）告诉我们，这里已经几个月没有下雨了，这种情形在这儿也不足为奇。在这毫无生机的山丘中，偶尔也是可以看到一点点绿色的。山涧的小溪已经干涸，略带点潮气的山涧河床上生长着一些低矮的树木。这少许的绿色，给这原本毫无生机的山丘，带来了一丝丝的生气。

尽管是 8 月末的早春，天气却干燥而炎热。我们卷起袖子前进着，碧蓝的印度洋就在前方。这里被称为辛茨（Cintsa），是一个新开发的疗养胜地。沿着蜿蜒的砂石路继续前进，就到达了辛茨东海岸，便看见了尼古拉鹤望兰。在河口岸边的茂密树林中，耸立着极其高大的尼古拉鹤望兰。鹤望兰的产地是通过观察它的花来发现的，而尼古拉鹤望兰的花是白色的，不太醒目，但因其叶片特别宽大、姿态独特，还是较容易被发现的。无论气候多么干旱，海边的河口水源还是比较丰富的，草木茂盛，尼古拉鹤望兰根部的土壤与日本野外的土壤湿度相当。

此山的南坡绵延数千米，靠近拔尔治（Bulghi）河边也有少量的尼古拉鹤望兰分布。尼古拉鹤望兰高 6~8 米，冠面积达 10 平方米，属大型植株，花开得也很繁茂。

南面的贵里噶河口也有尼古拉鹤望兰的分布，靠近河岸的山坡上有几处丛生。这里也是鹤望兰的产地，鹤望兰喜欢生长在干旱的地方，而尼古拉鹤望兰则喜欢生长在潮湿的地带，他们各择其所而居。因为河岸陡坡上的灌木较低矮，所以非常容易发现尼古拉鹤望兰。在其他地方，如戈努比自然保护区也有尼古拉鹤望兰的分布，从东伦敦市到德班市的沿海地带河边或水资源丰富的湿润之处，到处都有它的自然分布。

有茎类的尼古拉鹤望兰叶片宽大，因长期被风吹拂，叶片有些破裂，这是一种纯自然的姿态。

图 2-55　位于拔尔治河畔的尼古拉鹤望兰产地
河口附近土壤湿润，树木高大茂密

49

图 2-56　在阴湿密蔽的草藤丛中的小植株，苗龄大概 3 年左右

可能由于生长在避风处的缘故，叶片还保留着原来的形状。

图 2-57　拔尔治河岸的坡面上的灌丛苍翠一片，色彩斑斓

尼古拉鹤望兰鲜亮的绿色极其醒目。

50

图 2–58　位于辛茨的尼古拉鹤望兰产地

　　从远处可以眺望到干白的山丘和翠绿的河口，两者形成了鲜明的对比。

51

图 2-59　贵里噶河口的西岸，最靠近海滨的地方
　　　　蔚蓝的天空，万里无云，海风轻轻地吹动着
野生的尼古拉鹤望兰。

图 2-60　流入拔尔治河的小溪旁，分布着尼古拉
鹤望兰

第四节　白冠鹤望兰（*Strelitzia alba*）及其原产地

图2-61　齐齐卡马森林的女王——白冠鹤望兰

Strelitzia alba (L.F) Skeels 1911

　　无茎类鹤望兰的花为橙色，有茎类鹤望兰的花则是白色，佛焰苞也大，长度超过30厘米，颜色偏紫，具有独特之美。

　　有茎类鹤望兰不仅花大，而且植株也非常大，高可达10米。这是因为无茎类鹤望兰自然分布于雨量少的灌丛或草原，而有茎类则分布于雨量充沛的地带。其植株高大也许是为了生存而与其他高大的树种竞争的缘故吧！白冠鹤望兰因其花瓣为白色而得名。有茎类鹤望兰花的萼片都是白色的，尼古拉鹤望兰和具尾鹤望兰的花瓣都是淡青色的，仅白冠鹤望兰的萼片和花瓣是白色的，这一点是白冠鹤望兰最显著的特

征。但是在尼古拉鹤望兰之中，有少量植株的花瓣也呈白色，在容易引起混淆的情况下，只能根据花瓣的形状来区分。

　　原产地的白冠鹤望兰腋芽较少，或许是因为其生长在森林之中。若是生长在光照充足的地方，也许会长出更多的腋芽。因此，通常认为它的腋芽比尼古拉鹤望兰和具尾鹤望兰的少。

　　白冠鹤望兰仅在东开普省的齐齐卡马森林、距尼古拉鹤望兰产地南部边界的东伦敦约400公里的狭窄地带有分布。白冠鹤望兰和尼古拉鹤望兰这2个物种的产生与进化是否存在着关系，目前仅依据现有的资料还不能做出推测。

图 2-62　自然谷以巨大的黄木为主，各种树木共同构成这片茂密的森林

白冠鹤望兰的原产地分别是齐齐卡马森林 (Tsitsikamma Forest) 与自然谷 (Nature's Valley)。

从开普敦到伊丽莎白港市，延着南非南部印度洋沿岸的高速公路上行驶，风景优美，素有"花园大道"的美称。这花园大道的点睛之处就是白花鹤望兰的产地齐齐卡马森林。它位于伊丽莎白港市往西约 200 千米的地方。对于降水量极少的南非而言，这里雨量充沛、依山傍海，且由于海风遇山受阻易形成降雨，湿润的气候是弥足珍贵的。

在这样的自然条件下，分布着珍贵的黄木及其他丰富的森林资源，很好地保护了这里的自然生态。

在沿海岸线 50 千米狭长的森林地带的西部边缘是被称为"自然谷"（Nature' Valley）的深谷。从半山腰到谷底的开阔地带，散生着数百株高大宽叶的白冠鹤望兰。它们高高地耸立在那里，显得威武雄壮。在光线阴暗的树荫下，有很多白冠鹤望兰的幼株与低矮的蕨类植物混生在一起，静静地等待着鹤立鸡群的那一天。

白冠鹤望兰并不像鹤望兰或棒叶鹤望兰那样，分布在阳光充足的北坡。它散生在南向至西南向的阴山坡面和谷底处，这些地方大多光照不强，只有夏季的白天才能接受较强的光照，而冬季日照很短，仅在白天有几小时的光照时间。在几乎没有阳光的阴坡，分布了大量的白冠鹤望兰野生植株，这似乎说明充足的光照并不是白冠鹤望兰生长必要条件。其生长的必要条件有如下 2 点：

（1）水资源较为丰富的地方。

（2）在背风的山谷深处与其他树木混生。我发现生长于开阔地的单植株，易受秋季台风的影响，有的被刮倒了，有的叶片被吹断了。白冠鹤望兰没有像尼古拉鹤望兰那样聚集丛生，而是单株独立、干高叶宽，使植株的重心偏上。因此它必须与其他树木相依共生在一起。

在自然谷中，白冠鹤望兰那宽大的椭圆形叶片和优雅的白色花朵在繁茂的森林映衬下，显得极其美丽夺目。如果把巨大的黄木比作齐齐卡马森林之王，那么把既玉树临风又温静柔美的白冠鹤望兰拟为皇后是再恰当不过的了。不幸的是 1977 年这里发生了严重的森林火灾，白冠鹤望兰也遭受了损害。我由衷地希望给这片浓绿的齐齐卡马森林增添了无限风情的白冠鹤望兰，能永远在此安然地栖息繁衍。

图 2-63 用长镜头拍摄到神采各异的白冠鹤望兰

图 2-64　在森林中，略微开阔的地方都耸立着白冠鹤望兰
　　　　右边的一株不知何故已经枯萎，这种情况时有发生。

图 2-65 在山脉背阴陡坡上的白冠鹤望兰居群，自然分布数量众多。摄于 1981 年 6 月 9 日

第五节　具尾鹤望兰 (*Strelitzia caudata*) 及其原产地

Strelitzia caudata R.A. Dyer　1946

具尾鹤望兰种加词拉丁语 caudata 的意思是"尾状的"。这个名字是根据迪尔（R.A.Dyer）先生在 1906 年 6 月伯特·戴维（Burtt Davy）在西法里亚（Westfalia）采集到的标本被送到南非国立植物园经确认的。

自南非的开拓时代[①]起，长期以来人们把具尾鹤望兰与野香蕉（*Musa davyae* Stapf）混同，甚至现在有的专业书籍上还记载着野香蕉这个名字。但是，具尾鹤望兰和野香蕉属于不同的物种，这 2 个种在德兰士瓦省都有自然分布。具尾鹤望兰在山丘的坡面，而野香蕉主要分布在河岸边。二者分布的环境条件相差很远，外观也不同。

具尾鹤望兰的明显特征是尾长 1.5~2.5 厘米，大量调查表明白冠鹤望兰偶尔也有类似的尾状突起，因此两者容易混淆，但白冠鹤望兰能看见的变异突起比具尾鹤望兰的尾要短一些。

对具尾鹤望兰的最早纪录是 1906 年 6 月伯特·戴维（Burtt Davy）在西法里亚（Westfalia）采集到的

具尾鹤望兰与有茎类鹤望兰的另外两个物种白冠鹤望兰和尼古拉鹤望兰非常相似，较难区分。它们的不同之处在于其下萼片的尾状突起和花瓣的形状。白冠鹤望兰的花瓣呈耳状，具尾鹤望兰的花瓣为箭头

图 2-66　在纳尔斯普瑞特柑桔类及亚热带果树研究所院内种植的具尾鹤望兰，鹤望兰在图片的右下角显得很小

---

① 开拓时代是指 1652 年荷兰人开始入侵，对当地黑人发动多次殖民战争。19 世纪初英国开始入侵，1806 年夺占"开普殖民地"，荷裔布尔人被迫向内地迁徙，并于 1852 年和 1854 年先后建立了"奥兰治自由邦"和"德兰士瓦共和国"。1867 年和 1886 年南非发现钻石和黄金后，大批欧洲移民蜂拥而至。英国人通过"英布战争"（1899—1902），吞并了"奥兰治自由邦"和德兰士瓦共和国。

图2-67 具尾鹤望兰巨大的花朵拿在手上很有份量，鹤望兰与其相比简直就是小巫见大巫了。格勒布勒博士摄于1981年10月

具尾鹤望兰的主要特征是下萼片下部的尾状突起（见左下角）。

状；白冠鹤望兰的花瓣是白色的，尼古拉鹤望兰和具尾鹤望兰的花瓣都是淡紫青色的。

具尾鹤望兰的自然分布，北起南非德兰士瓦省东北部的路易一特里哈特，南到斯威士兰的德拉肯斯山脉，跨度约400千米的狭长范围内。但在此间的平缓和低洼地区没有分布，多分布于地势较高岩石较多的山坡。这与本地区雨水较多有关系，因为具尾鹤望兰比尼古拉鹤望兰更喜欢干燥。

有茎类鹤望兰的大型花卉在南非，一般作为庆

典仪式的装饰花卉，也有的被用于插花艺术中。将来商业化栽培后，在其他国家也会变得普及。在日本，由于栽培不多，作为插花材料一定会受到欢迎的。这么珍奇且富于魅力的大型花卉，一定会令人震撼。

在野外生长的具尾鹤望兰花朵长度大多是30厘米左右，而这张照片上的花由于是生长在庭园内的，花开得非常大，长约40厘米。

具尾鹤望兰主要分布于以下几个地方。

一、格拉斯库普草丘（Gras-Kop）

Gras—Kop，是非洲语（荷兰籍开拓者们的语言）"草丘"的意思。草丘的特点是树木长至山腰，山顶上只长草。在德拉肯斯山脉的中部，格拉斯库普草丘是个很著名的地方。这里是具尾鹤望兰典型的产地，但数量并不多。因尼古拉鹤望兰分布于海边平地，可近距离观察。而具尾鹤望兰则不然，其分布在山丘东面的山坡上，大多数情况下，只能用望远镜来寻找与观察。这似乎与它对光照、湿度等生长条件需求有关。

图 2-68　格拉斯库普草丘的远景，此处为具尾鹤望兰的产地
　　南非人喜欢将 Gras—Kop 这个词语形容头发稀少的人，这是个众所周知的词。

图 2-69　格勒布勒博士和约伯特（Joubert）先生在山上寻找具尾鹤望兰
　　　　如果不用望远镜，很难找到具尾鹤望兰。

图 2-70　在拉肯斯山脉的上空鸟瞰具尾鹤望兰产地

二、西法里亚（Westfalia）

在扎尼尔(Tzaneer)城外，林赛·米尔恩(Lindsey Milne)博士经营了一间具有山庄风格的酒店，酒店内生长有10多株具尾鹤望兰。听说这里以前是具尾鹤望兰的原产地，后来改造成了现在的庭园。附近的植被情况也随之发生了变化。这里可以近距离仔细地观察具尾鹤望兰。

尽管如此，区分具尾鹤望兰与尼古拉鹤望兰也不是一件容易的事。因为二者在外部形态上没有明显的差异，只是具尾鹤望兰下萼片的下部有似蜥蜴尾巴状的突起。

我询问格勒布勒博士和林赛·米尔恩博士这两者的区别时，他们回答说，除花朵以外，二者形态上没有区别，仅掉落后的茎叶及叶柄基部留下的叶迹有微小差异而已。另外，二者自然分布的产地不同。若要明确列举这两个物种在形态上的差异，首先是具尾鹤望兰的叶片比尼古拉鹤望兰稍宽；其次，具尾鹤望兰的产地虽然也属亚热带气候，但喜昼夜温差大的山地，略微喜干燥；而尼古拉鹤望兰分布于海边的潮湿地带。

具尾鹤望兰的种子也与尼古拉鹤望兰的种子相似，形状都是圆形略细长，比鹤望兰与棒叶鹤望兰的种子略大。具尾鹤望兰与尼古拉鹤望兰的萼片都是白色的，但具尾鹤望兰种子与鹤望兰一样都有橙色的假种皮。也许这些特征正是研究极乐鸟花的起源、进化及其系统发育的重要线索。

图 2-71　在西法里亚山庄庭园内，至今还生长着原生的具尾鹤望兰，这里也是面向东面的山坡

图 2-72　这里是安静的保育地，早起就能听见夹杂着太阳鸟在内的小鸟们欢快的鸣叫声，悦耳动听

三、香蕉山（Piesang-Kop）

这座山的名字"Piesang-Kop"，南非语是"香蕉山"的意思。开拓时代，具尾鹤望兰也被误认为是"野香蕉"。在林赛·米尔恩博士所拥有的土地之中，有一处离西法里亚酒店数千米，位于进山入口。从山间小路远望，陡峭的山坡好像把山劈成两半。在山丘的阴坡面上，顺着博士手指的方向，可见屈指可数的野生具尾鹤望兰。这里有大量香蕉生长，是名副其实的"香蕉山"，具尾鹤望兰只在其中很少的地方有所分布。

沿着山麓的小道徒步行进在郁郁葱葱的森林之中，略感丝丝凉意。因为没有山路，我们只好跟着林赛·米尔恩博士顺着动物在林中穿行留下的缝隙之间前行，不一会儿，就浑身冒汗了。走了约30分钟，终于到了目的地。当我们看到在陡峭山坡上的具尾鹤望兰时，林赛·米尔恩博士、格勒布勒博士及助手约伯特先生三人，小心翼翼地帮我支好三脚架，架上照相机。具尾鹤望兰就生长在这样稍不留心就会跌落下去的陡坡上，而且仅生于大岩石中裸露的地方，好像极乐鸟花都很喜欢生长在有岩石的地方似的。极乐鸟花的分布地如下：

棒叶鹤望兰——乌坦海治（Uitenhage）；

鹤望兰——普路托山谷（Pluto's Vale），

　　　　　贵里噶河口（Kwelegha River），

　　　　　那胡水库（Nahoon Dam），

　　　　　格林费治（Green Fields）；

尼古拉鹤望兰——贵里噶河口（Kwelegha River）；

具尾鹤望兰——格拉斯库普草丘（Gras-Kop），

　　　　　　　香蕉山（Piesang-Kop）。

在自然分布的极乐鸟花植株之中，有的甚至骑跨在岩石上生长，我不由地惊叹极乐鸟花有如此强大的耐旱力！另外，在棒叶鹤望兰和鹤望兰的原产地还伴生着芦荟等旱生植物，这些特点使我们不难发现极乐鸟花不同的原产地有着许多有趣的共性。

原产地的具尾鹤望兰为了与其他高达10米以上且长势旺盛的树种竞争，在长长的茎干顶端长出叶子。这种向高处伸展的姿态比尼古拉鹤望兰更像齐齐卡马森林之中的白冠鹤望兰。不同的是，白冠鹤望兰叶腋芽少，具尾鹤望兰可以从地表生长出丛生的分蘖茎干。而且种植在庭院中的具尾鹤望兰可以长成拥有数十条茎干的庞大群体。但在原产地的森林之中，因条件恶劣茎干比较少，当遇到恶劣天气（如霜、风）时，植株也会随之枯萎，这时它的腋芽就好像预备军那样随时可以生长出来。

在这里，我们也发现了数株实生苗。小苗若要长到一人高，大概需要好几年吧！仅凭"香蕉山"这个名字，就可想而知具尾鹤望兰的数量非常少。这是数十万年来，山上的植被物竞天择的结果吧。从现今保留下来的现状看，短期内恐怕不会轻易地发生巨大的变化。

德拉肯斯山脉的西边是干旱的呼鲁托高原（High Velf），东边是著名的动物保护区——克鲁格国家公园。宽阔的高原属热带干旱草原地区，其植被与东非一样，但在东非却没有发现极乐鸟花的分布。在山谷之间，远处开阔的平原上，我屏息凝视着美丽的德士兰瓦自然之子——具尾鹤望兰的美景，赞叹不已！

图2-73　林中发现具尾鹤望兰小苗
与其他产地一样，小苗依然非常少，此处仅发现2株。

图 2-74　在山麓的山道上，远眺香蕉山

　　右侧山坡上，闪着点点星光的一群植物就是具尾鹤望兰。由于远距离逆光，即使在米尔恩博士的指引下，我也不能即刻辨认出夹杂在其中的具尾鹤望兰。

图 2-75　具尾鹤望兰植株

第三章　极乐鸟花的传媒朋友——太阳鸟

在南非原产地的极乐鸟花的所有种类，都是通过太阳鸟（Sunbird）吸食花蜜的方式进行授粉结果的。尽管蝴蝶和蜜蜂也常常来采蜜，但从花的构造来看，它们与授粉好像完全没有关系。

太阳鸟是以极乐鸟花、芦荟、帝王花、欧石南（Erica）等植物的花蜜为主要的食物来源，形成了鸟与植物共生共荣的友好关系。因此，以太阳鸟为媒介，经过授粉的极乐鸟花植物才得以繁衍生息。在南非以外的国家，因没有太阳鸟的协助，一般情况下极乐鸟花自然开放后是不会结果的，若要采集种子，则必须进行人工授粉。

太阳鸟的羽毛为青绿色，在阳光的照耀下，闪着美丽的柔光。太阳鸟的体型小巧，当它用吸管一样细长的喙吸食花蜜时，非常惹人怜爱。即使在野鸟很多的南非，太阳鸟也深受欢迎，鸟类爱好者们像对待宠物那样珍爱它。太阳鸟的种类有十几种之多。以鹤望兰为主的极乐鸟花自然分布的东开普省东部，就可以看见以下 6 种太阳鸟：

（1）小双环太阳鸟 Lesser double-collared sunbird

羽毛深青绿色，靠近胸部变红，为小型太阳鸟。

（2）大双环太阳鸟 Larger double-collared sunbird

身体稍大，但颜色与小双环太阳鸟一致。

（3）孔雀绿太阳鸟 Malachite sunbird

全身毛色为明亮的青绿色，尾巴长。

（4）黑羽太阳鸟 Black sunbird , Amethyst sunbird

名为黑羽太阳鸟，其实不黑，头部色略深，其他部位为淡红偏紫色。

（5）环羽冠太阳鸟 Collared sunbird

（6）灰羽太阳鸟 Grey sunbird

偏灰色羽毛，雌雄同色。发出："叽咕""雀浦"的鸣叫声。

在这 6 种太阳鸟之中，常来光顾极乐鸟花的是小双环太阳鸟与大双环太阳鸟；这二种鸟个体上没有太大差异，两者的雄鸟羽毛为浓浓的青绿色，胸部羽毛变红，非常美丽。这 6 种太阳鸟中，只有灰羽太阳鸟是雄、雌同色；其他种类的雄性鸟更美，雌性鸟的羽毛都是灰色中夹杂着淡褐色，色彩不够醒目。雄性鸟在发情期，羽毛会更加光彩夺目。大部分鸟的产卵期都是春夏两季，而太阳鸟却在冬季。我个人认为这是因为太阳鸟的食物来源，如鹤望兰、芦荟、帝王花这些植物，花期大多从冬季到春季。

取其名为太阳鸟，是因为该种鸟与太阳有着密切的关系。人们只有在风和日丽的日子里，才可以见到它的身影。不仅如此，它还要选择飞向日照充足光线明亮的地方。而在阴天，人们几乎看不到太阳鸟，

图 3-1　一只雄性大双环太阳鸟鸣叫着，似乎在宣誓着自己的领地

图3-2　雌性大双环太阳鸟正在尼古拉鹤望兰的花朵上吸食花蜜
　　雌性太阳鸟毫不起眼，加上尼古拉鹤望兰的花朵又非常大，太阳鸟看起来显得更小。

雨天就更不用说了。这大概是因为阳光灿烂的时候，花朵能分泌出更多花蜜的缘故吧。太阳鸟常常喜欢停在花上，我仔细地观察，发现太阳鸟一般选择已开放得较充分的成熟花朵，而不是刚刚盛开的花朵，这似乎也与它的采蜜有关系。

近距离观察太阳鸟是不容易的，因为这种鸟在有花的植物上停歇的时间极其短暂。雄性鸟一般停在极乐鸟花附近的树上休息时，一边物色下一朵花，一边发出"吃依—吃依—，球鲁鲁鲁—"的鸣叫声。当发出"吃依"的声音迅速飞起时我们才能发现它。但雌性鸟不仅颜色不醒目，而且不发出任何鸣叫声就飞过来了，稍不留意就会错失观察它的机会。太阳鸟停在极乐鸟花与芦荟花上先环视周围后，再吸食花蜜。这样反复观察再吸食二三次后，很快就飞走了，显得非常忙碌。太阳鸟不仅吸食极乐鸟花的蜜，也吸食芦荟花和欧石南花的蜜。因为芦荟花的数量很多，小鸟们在芦荟丛中花费很长时间。想再在极乐鸟花中观察它们，却是久等不来。

看到太阳鸟采花蜜的动作非常轻柔，我很受感动。太阳鸟身体小而轻，站在极乐鸟花上，花几乎不会摇动，不会损伤到花朵。帮助鹤望兰授粉繁殖的主要是大、小双环太阳鸟的两种，为了吸食花蜜，它们停在有花粉的花瓣之上，其他几个种类的太阳鸟，只停在佛焰苞上。

在南非原产地欣赏极乐鸟花之美时，不仅是花本身带来的美，更多是极乐鸟花与世间万物共同构织的和谐共生的大自然之美，是洗涤心灵之美。在清澈的蓝天下，耳旁响起仙乐般的鸟鸣声，还有可爱的太阳鸟在花丛中飞舞的影姿也增添了无限情趣。

太阳鸟不论是一次吸食少量的花蜜，还是大吃一顿，都是要好好地享受一番的，然后再围绕着花枝飞舞，寻找下一个吸食机会。

第四章 极乐鸟花的栽培

极乐鸟花单支花期为 1 个月以上。开花期从冬季至初夏，历经冬、春、初夏约 10 个月。暂且不论地栽，在日本全境都可以采用盆栽种植，人们几乎整年都可以近距离地观赏其美丽的花朵。在气候适宜的国家，一般都可在庭园内种植。但在冬季寒冷的日本及其他非温暖地区不适合在室外种植，最适合的种植方法是盆栽，夏天置于庭院中，冬季移入室内。

极乐鸟花属于极其耐旱的半沙漠地区植物，即使是十天半月没有浇水也绝对不会枯萎。对肥料也没有特别要求，施肥的多少对其生长不会产生多大影响，病虫害也较少。因此，按一般的种植常识进行栽种成活率也是很高的。目前已知极乐鸟花的单株寿命非常长，如果你有兴趣栽种一盆的话，极乐鸟花那奇特的姿态和艳丽的色彩将会长期陪伴着你，并带给你无限的乐趣。

第一节 品种选择

一、无茎类种类：鹤望兰与棒叶鹤望兰

作为普通种植，选择株形小的无茎类种类比株形巨大的有茎类种类要好些。盆栽中因为根系的生长受到限制，相比地栽植株会矮小些。在购买时要尽量选择高约 1~1.5 米左右的鹤望兰，不要超过 2 米的高大型鹤望兰品种。对于棒叶鹤望兰，株高基本没有差异。若种植于花盆中，高度 1.5 米左右的适合观赏。棒叶鹤望兰因无叶显得与众不同，花又比鹤望兰花小些，而稍显纤弱，生长相对缓慢。如果希望尽早开花，选择种植鹤望兰更好些。

如果种植场地允许，尽可能批量采购苗木种植，形成一定规模可提升观赏效果。鹤望兰整体花期长达 10 个月之久，但不是说单株就能连续开花 10 个月。批量种植的话，总会有一些开花的植株可供欣赏。

二、有茎类种类：尼古拉鹤望兰、白冠鹤望兰、具尾鹤望兰

有茎类鹤望兰的 3 个种类植株的高度都超过 3 米，属大型种类。如果建筑空间不够宽大，就不太适合摆放有茎类鹤望兰的盆栽。假如能成功种植这些种类，相比鹤望兰和棒叶鹤望兰来说，其玉树临风的姿态和大型的白色花朵也是极具震撼力的。也许是人们对有茎类鹤望兰种类的优点认识不足吧，就人们的欣赏偏好来说，对株形特别高大的有茎类鹤望兰至今还是敬而远之的，更喜欢挑选一盆小型的鹤望兰盆花，可以细细品味它精致而独特的灵秀之美。

在有茎类鹤望兰的 3 个种类之中，尼古拉鹤望兰是最容易栽种的，盆栽的株高可控制在 2~2.5 米，它比无茎类鹤望兰生长要快的多。作为观叶植物，尼古拉鹤望兰具有相当高的观赏价值。与鹤望兰一样其开花需要培养 4~5 年。关于尼古拉鹤望兰的种植，应注意以下几点：

（1）与鹤望兰不同，尼古拉鹤望兰适合生长在水资源丰富的地方，夏季是它的快速生长期，需要充足地浇水，不宜久旱。冬季的尼古拉鹤望兰生长缓慢，只需少量浇水。

（2）幼苗培养期施重肥有利于快速生长，成年期后减少施肥控制生长，以达到控制株高的目的。

（3）其叶面柔软易破裂，应尽量避免放置于通风处。

（4）抗寒能力方面较鹤望兰略弱，不出现结冰天气就能安然度过冬季。

因为种植有茎类鹤望兰可以开拓更广泛的商业领域，生产商对它非常感兴趣。要成功种植它也必须注意以下几个方面：

其一，种苗难得。目前有茎类鹤望兰在植物园一般仅作为标本种植，多没有开展繁育、采种工作。只能以分株的方法一点一点地繁殖。

其二，辨种难。在日本，白冠鹤望兰和具尾鹤

望兰栽培数量极少。全世界研究极乐鸟花（*Strelitzia*）的学者也非常少，且研究结果也未得到普及，就连正确分辨种类都无法做到。很多地方错将尼古拉鹤望兰（*S. nicolai*）称为大鹤望兰（*S. augusta*）。为了避免这种基本的名称错误，做到正确辨别种类，希望本书中的照片与文字说明能为大家提供参考与帮助。

第二节　盆栽

关于种植方法，主要以无茎类的鹤望兰为例进行讲述，这是因为鹤望兰不仅用途广泛，而且种植量大。棒叶鹤望兰可参照种植。

一、温度

冬季不可经历结冰期，不宜低于 0℃，短暂极端低温 –2℃ 左右，以 3~5℃ 左右更为理想。维持安全越冬的话没有必要特别加温，仅需将其从寒冷的户外移至温暖的室内。低温会延迟花蕾生长，花蕾期越长花期也更长，单支花可以盛开长达 2 个月。

在夏季，鹤望兰可耐极端高温达 40℃ 左右。野生极乐鸟花（*Strelitzia*）的原产地是沙漠性气候，日间阳光热辣，夜间气温骤降可低至 0℃，昼夜温差极大。所以在种植方面都不必太顾虑温度。在条件允许的情况下，夏季可将盆栽搬到户外，冬季搬到室内即可。事实上，在日本寒冷的东北地区乃至北海道，很多人都兴致勃勃地种植着极乐鸟花。

二、光照

在南非，极乐鸟花的原产地多位于视野开阔光照充足的地方。为适应这一特点，种植过程中，一年四季保证良好的光照是十分必要的。在冬季，若将它移至室内，应置于玄关或光照较强的位置，这样有益于花芽的形成。春季可移到户外，经过夏、秋两季的生长，

每年也能品味到开花的喜悦。但是，如在光照不充足的环境下栽种，最好选择容易产生花芽的改良品种。遗憾的是目前对极乐鸟花的研究较迟缓，上市的极乐鸟花大多是花芽特性还没有被改良的实生苗。花芽特性已改良的品种之中，常常出现花开过盛的现象，有的甚至会影响到植株本身的生长。对于这样的改良品种，则应根据环境条件，适度控制花芽数量。

图 4–1　鹤望兰盆栽很容易

三、水分

极乐鸟花的肉质根能储存大量的水分，特别耐干旱。当表土干裂发白时，要反复地浇透水，直到盆底渗出水为止。所以，只要一次浇水充分，在短时间内即使忘记浇水也不会立即枯萎。

鹤望兰原产于沙漠地带的年降雨量约 500 毫米，棒叶鹤望兰的原产地为约 400 毫米，这已是接近沙漠地带的降水量了。我于 1980 年第三次到原产地调查时，从冬季到春季的 4 个月时间，东伦敦没下过一滴雨而且每天还受强烈的阳光照射，路边的草都枯萎了，极乐鸟花却基本没有受到影响。陪同我来这里考察的昆斯公园园长奥德尔先生说："这样干旱的天气，在东伦敦不足为奇。"直到回国后的初春，收到他的来信时，才知道在我离开之后，期待已久的雨终于降临了。迎来美丽的春天，鲜花盛开；夏天过后，雨水又渐渐地稀少。第二年，也就是 1981 年，我第 4 次赴产地调查，因冬天降雨充分，有的地方几乎是泥泞一片，即使这样，极乐鸟花原产地的土壤湿度依然适度。

虽然地栽的极乐鸟花抗旱能力较强，但因盆栽的土量少，根部生长受到限制，还是要避免过于干旱的。

若希望其生长发育良好，夏天每隔 2~3 天浇 1 次水，冬天 7~10 日浇 1 次，春秋季节可适中。此外，还应根据放置场所的通风、光照情况，适当调整浇水量。总体而言，极乐鸟花是不需经常浇水的植物。

若是栽种 2 年生以内的小苗时，则不宜采取上面的方法。因为成年植株抗旱能力较强，而小苗要求水分较大，这时就需与普通植物一样浇水。3 年生苗是其转折点，叶片的组织更坚固，根也粗壮了，抗旱能力逐渐增强。

四、肥料

极乐鸟花在春夏季的生长期对肥料的需要很大，宜重肥培育；冬天是它的缓长期，以少肥或不施肥为好。在生长期可以长期使用安全且肥效持续的豆饼堆肥。对 30 厘米的花盆，一次可施生豆饼 1 把于 2~3 处；若施蛋形长效肥，放置几个即可，一个生长期内施 2~3 回就足够了。如果施的是化肥，按规定量每隔 10~15 天施肥一次即可，但是连续使用化肥也会引发一些不良后果。因此，还是要以施豆饼等有机肥为主，

以化肥为辅，二者间施更为合适。

虽然极乐鸟花属于喜肥植物，但 2 年生以内的小苗较弱，过量施肥会伤及幼苗。因此，施肥时要采取薄肥勤施的方法。

五、病虫害防治

极乐鸟花植物特别健壮粗生，一般情况下不易发生病虫害。只是在梅雨季节容易发生红霉病和其他的病，但不会相互传染，一般病情发展到叶子，就会中止发作。若要采取防治措施，可以喷撒药剂即可。盆栽植株基本上不会发生立枯病。

常见的害虫有介壳虫、蟑螂。根据年份不同，一般一年偶尔可见 2、3 个害虫而已，未见其他害虫。或许是极乐鸟花的叶片和茎都比较坚硬难啃，虫也啃不动吧！因此在发现病虫害时可用杀虫剂防治，栽植数量少时直接用手抓灭更简单。

六、换盆与分株

一般生长 2~3 年以后，极乐鸟花的根系就会长满盆体，数年之后，若不及时地更换大盆，根的力量有可能会撑破花盆。因此尽量选择坚固结实的花盆，并及时进行分株或更换大盆。

极乐鸟花生长缓慢，短时间内很难进行种子繁殖，一般换盆时可以适当分株，当植株达到 5~6 个以上分蘖时，可以进行分株。分株时，每株至少要有 2~3 条根，完全无根的不能成活。越是花芽多的优良品种繁殖越慢，能达到分株条件的也须更多的生长时间。如希望多拥有几盆，最初时应多买几株小苗，而不必仅靠分株繁殖。通过分株增加盆栽数量的方式，更能体会极乐鸟花的无性繁殖特性。

极乐鸟花对土壤没有特别的要求，采用户外田园的土壤即可。考虑到根的生长速度很快，防止土壤变硬，预留根生长的空间，可以在土壤中拌入腐叶、堆肥等增加土壤的疏松程度。极乐鸟花幼苗根的生长速度很快，种植小苗时，随着花苗不断长大，要逐步地更换更大的花盆为好（表 4-1）。

表 4-1 花盆的标准

株龄	盆号
3 年生以下苗	6 号盆
开花植株	8 号盆
成年开花大植株	10~12 号盆

第三节 地栽

一般用于鲜切花的极乐鸟花多是在室内种植，或采用塑料薄膜大棚与玻璃温室栽培，也可以在室内花园种植，这种地栽的种植方法比盆栽更省心。如果是太平洋沿岸的温暖地带，或无霜冻期的地方，可以种在屋前庭院里，或露天花园里。地栽不同于盆栽，它的根可以自由地生长，极乐鸟花的开花能力会达到最佳状态，能开出更多的花朵。

具体种植方法：

● 宜选择排水畅顺的地方。挖栽植洞穴，直径与深度均为 60 厘米左右，然后植入。

● 根部要被土壤完全覆盖住，种植深些为好。

● 种植后要浇透水。

● 在种植半个月至 1 个月以后，才能施肥。

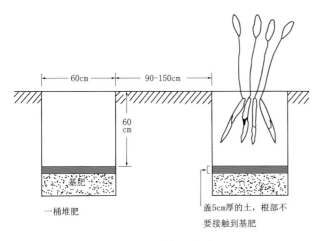

图 4-2　种植示意图

一、水分

日本的年降水量较多，比极乐鸟花原产地多 5 倍以上。对于露天种植的极乐鸟花来说，一年之中不经人工浇水的天然降水量都很多了。所以，如果种植地排水不畅或地下水位较高的地方，必须注意防止根腐病或其他病害。

采用薄膜大棚种植，春末随着气温的升高要适时揭开薄膜，使植株充分接收光照和雨水，直至秋末。覆盖塑料薄膜后的整个冬季，基本上可以不浇水，或者浇 1~2 回水就可以维持。

在玻璃温室与室内花园栽培的情况下，须进行人工浇水，但次数以少为宜。夏季每隔 5~10 天浇水

1 次，春秋季节 1 个月 1 次，冬季 2 个月 1 次就可以了。但必须注意的是，人工浇水必须一次浇足浇透，使水渗到根的底部。

图 4-3　野生于贵里噶河口断崖上的鹤望兰

在笔直的断崖之颠，尽管土壤极少，鹤望兰也不可能长得高大，却展现出极其顽强的生命力。距水面垂直高度约 30 米，极佳的通风和光照造就的干旱程度是可想而知的，很好的佐证了鹤望兰强大的耐旱性。用 1000 毫米的长镜头远程勉强拍摄的。

二、病虫害防治

若极乐鸟花种植在排水不畅的地方，易滋生镰刀菌，从而引发立枯病。病菌大多从叶柄开始侵入到根部，叶柄变成茶褐色后便开始腐烂，然后枯死。普通的杀菌剂对于这种病菌基本上没有效果，只有使用含抗生素的药剂才起作用。若根腐病达到蔓延程度，那就为时已晚。若病害在早期发现，可立即切除被侵害部分，并对植物周围进行用药，以防止病情进一步的扩展。但病情的发展往往是意想不到得快，常常在发现后要着手处理时，已经晚了。另外，还要防止传染给其他植株。其实，发生这种病是因为环境不佳所致。因此，与其依赖药物治疗不如注意排水、通风，或者转移到更容易干燥的地方才是治本之策。

在露天与塑料薄膜室内种植，因为有雨水和风，病虫害发生较少；玻璃温室与室内花园，由于是人工环境，容易发生各种病虫害，要时常留意、细心观察，特别是介壳虫和粉虱较为常见，但无大碍，只是外观受损。因粉虱类厌水，在浇水时尽量将水浇到粉虱所隐藏的叶片背面。如种植面积大，可用药物防治；如量少，用手捕捉即可。

三、温度

相对于低温，地栽比盆栽更耐寒冷。盆栽时，根部的温度与气温相同；地栽时，即使气温下降地温也不会急速地下降，可以起到保护根部的作用。比如，遭遇 0℃ 以下的低温时，地上部分的叶片和茎可能都被冻坏，只要靠近地表的生长点未受冻，当春天来临时，它还是会发新芽的。

我在 –3℃~–4℃ 的低温时，做了 2 次这样的试验，结果发现虽然没有发生冻死现象，但生长明显受影响，花了 1 年时间才完全恢复正常。因此，在低温状态下，用稻草和落叶等覆盖地表会更安全些。当气温低于 –5℃ 时能导致极乐鸟花冻死。在相同湿度与低温条件下，幼苗的抗寒性比开花植株要弱些，更须更加注意保温抗寒。

在玻璃温室中，夏季温度相对较高，须打开窗户通风；即使在严冬，正午室内的温度也相当高，适当地开窗通风、换气有利于植物的生长。如果做不到主动通风，安全越冬也不会有太大的问题。只是花瓣易受高温影响，花期缩短而已，对极乐鸟花生长的影响较小。

若要顺利地开花，冬季适宜的温度为：夜间 5~10℃，白天 20~25℃。在年末，若期望提早开花，适当提高温度即可。极乐鸟花最适合开花的温度为 20~25℃，并尽可能长时间地保持这样的温度为宜。为了吸收正午的热量而不开窗通风，使室温达到 30℃ 高温时，也没有特别的影响。如果生长环境光照不足、通风不佳，则会导致花枝柔软易弯曲。

四、施肥

地栽的施肥量要比盆栽多一点，一般使用鸡粪、豆饼等有机肥，略微施多一点也没问题。因有机肥见效较慢，也可在冬季施肥。有机肥发酵产生的毒气可能致使苗木枯死，必须完全腐熟才可使用，室内施肥须加强松土、换气。

种植极乐鸟花是一件非常有趣的事，但若过于疏忽或没有全面地掌握种植技术，栽种也可能会失败，此类事件在各地都有发生。

五、光照

地栽对光照的要求参照盆栽。露天种植和塑料大棚种植，因接受阳光直射，生长良好。而在玻璃温室和室内花园栽种，即使是在夏季也只能透过玻璃才能得到光照，必须充分考虑室内采光的问题，要尽量选择明亮的地方进行种植。此外，要避免密植徒长，还要选择具有紧凑壮实、优良花芽特性的品系植株。做到这些，几乎可以得到露天种植的效果。

第五章　极乐鸟花的选优

极乐鸟花包括有茎类和无茎类2个类群，共有5个种。有茎类因植株高大，除特殊用途以外应用并不广泛。在实用性高的无茎类之中，鹤望兰的种植量最大。因而，狭义的极乐鸟花就是指鹤望兰。另外，有茎类中的白冠鹤望兰、尼古拉鹤望兰、具尾鹤望兰之间的变异幅度非常小，很难区分。因此，选择种植品种时主要是指无茎类的鹤望兰和棒叶鹤望兰2个品种。

鹤望兰的变异
- 花瓣（准确地说是萼片）的颜色
  - ●橙色——普通的颜色，仅浓淡之差
  - ●黄色——非常少
- 佛焰苞
  - ●绿色或绿色偏红、偏紫
- 高度
  - ●40~300厘米
- 叶幅
  - ●约2~20厘米

小叶鹤望兰叶片小，形状似枪芒，曾用名 *S. parvifolia*，是鹤望兰与棒叶鹤望兰的杂交种，性状处于两者之间。现在，分类学上是把它归类在鹤望兰之中。

棒叶鹤望兰
- 花瓣
  - ●橙色，与鹤望兰相同
  - ●黄色，极其稀少
- 高度
  - ●150~200厘米

无叶。但从实生苗到有12片叶子的幼苗，这段时期是有小叶片的。随着植株不断地成熟，叶片变得很小，几乎看不到叶片的痕迹，仅剩茎（叶柄，译者注）的姿态。老叶片在尖端部位已经退化了。

棒叶鹤望兰与鹤望兰不同，基本没有形态变异。

这样说来，极乐鸟花即使是原生种，也存着非常大的变异。近年来的大量人工繁殖，其形状差异也逐渐增大。但至今，对鹤望兰的研究、改良工作仍然非常缓慢。下面描述作者命名的2个橙色新品种：

图5-1　在东伦敦的昆斯公园栽种的高达3米的鹤望兰高大型植株

9月的南非已是春天了，应是鹤望兰的开花季，但这个有着数十个分蘖的特大植株竟然没有一支花。

- ●'橙色王子'（'Orange Prince'）
- ●'橙色公主'（'Orange Princess'）

以及2个黄色品种：

- ●'金冠'（'Gold Crest'）
- ●'非洲金'（'African Gold'）

至今，除了以上的命名之外，鹤望兰品种还没有被严格命名过。种植业者之间也常出现名称混乱的现象。明确各品种的特性，从而进行品种的科学命名，将是一个长远的工作。在此，先就极乐鸟花原生种的相关特征及特性进行描述。

73

第一节　叶形

极乐鸟花通过叶面和叶柄吸收光照进行光合作用，将太阳能转化为生物能，同时也会因叶面及叶柄反射掉一部分光照，叶面之间的空隙透过的光也没有被利用。植株如果能更多、更充分地利用太阳能就可以提高其同化能力，而这种能力的大小与植株开花数量的多少存在一定相关性。

肥料、水分和日照时间对极乐鸟花的花芽分化有一定影响，影响最大的因子是日照，同时晚间的高温也会有点作用。通俗地说极乐鸟花的叶片接受阳光照射，通过同化作用形成淀粉，当它储存到一定的量时，无论任何季节，都会形成花芽。比如从冬天至春天，由于光合作用产生的营养物质，通过初夏积累，经过夏季开始形成花芽，于初秋开花。同时，通过夏日的积累，经过秋季到冬季开出花朵……这样循环往复，从而形成了极乐鸟花一年四季开花的现象。因为叶片是极乐鸟花形成花朵的基础淀粉制造工厂，所以叶片面积大一定是有利的。但是，植株不仅仅是由一片叶子组成的，每片叶片过大会相互遮挡阳光，反而间接地形成光照不足。

棒叶鹤望兰的叶片极小，基本没有叶片，仅靠叶柄进行光合作用，所以生长缓慢，花芽自然也就少。这就如同仙人掌为减少叶面的水分蒸发，叶片退化成刺，这样便可适应在缺水地区生存。

棒叶鹤望兰与鹤望兰相比开花相对迟缓，花朵细弱，原因也许就是其积累的营养仅能供给少量开花结果所需的能量。即使棒叶鹤望兰积累了相当的营养，为了物种的生存，也不能大量地开花结果繁育后代。

鹤望兰叶片大小和形状的变异幅度非常大，从如土著人狩猎枪尖那样的小叶片（棒叶鹤望兰与鹤望兰杂交的中间类型）到细长条呈剑形、披针形、椭圆形等各种各样的形状都有。虽然狭小的叶片不会相互遮光，但接受光照的叶面积太小。而叶片面积过大的，相互间遮光也多些。因此，鹤望兰的叶子以宽12~16厘米的中等大小更佳。

个体的同化能力 = 叶面积 × 单位面积的同化能力 × 受光系数

通过这个公式可以了解叶片面积与遮阴有着很大的关系。这样去计算，也许有人会认为过于严谨，但极乐鸟花是寿命较长的多年生草本植物，盆栽种植可达数十年，地栽10~30年。叶片过大时，又不可能像树木和盆景那样修剪定形，而且随着它的株形变大，花芽易下垂，打理操作也不便。

如图5-2，呈紧密而整齐的直立型植株，不仅受光良好，打理操作方便，株形优美，花与叶的比例也十分协调。

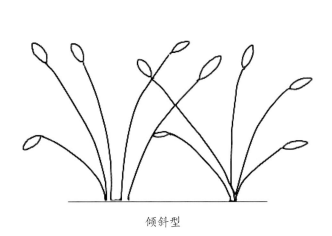

倾斜型

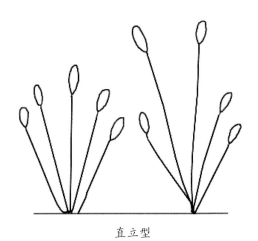

直立型

图5-2　鹤望兰株形示意图

第二节　株形

为了能充分地接受光照，不仅要考虑单片叶子的形状，而且在种植时，采用怎样的株行距也是不容忽视的要点。为了提高受光系数（因为叶片之间相互遮阴，会影响光能的实际利用率），叶片排列的方向起着很大的作用。比如叶柄倾斜生长或下垂生长类型的植株，会影响邻近植株的生长，而直立类型的植株因其叶片都是直立生长，各自仅占用自己的空间，而不影响相邻植株的生长。并且，直立的叶片可以接受到早上和傍晚的斜照阳光。

这样长得端端正正的直立型类型植株，不仅受光条件好，而且便于打理操作，株形优美，花与叶的比例也协调。

第三节　花芽特性

极乐鸟花在全世界广泛种植的历史不长，目前基本没有进行品种改良和育种工作。要使极乐鸟花成为被高度改良的植物，将优秀的遗传因子集中于一个个体中，必须选择优秀的杂交亲本，通过专业的杂交、育种技术来实现。

至今为止，在相当长的一段时间里，极乐鸟花还没有被有意识地进行改良，仅是单纯地为了繁殖进行人工授粉与育苗。不仅在日本，全世界各地种植极乐鸟花的从业者都一样。原产地的极乐鸟花花芽特性不太好。我曾先后去南非调查了4次，得出推论如下：

●野生植株生长在降水量较少的半沙漠地带，在恶劣的自然环境中极乐鸟花勉强维持生存，要使之多开花则必然要消耗大量的营养，对于一个物种来说无异于自取灭亡。

●即使牺牲母株，让其多开花结子，也是有灭绝的风险。由于原产地降水量过少，不利于种子发芽。事实上，在原产地发现小苗确实是极为罕见的。

●由于环境恶劣，开花多的植株养分消耗大，容易枯死。但在漫长的岁月里，遇上降水量较充足的年份，幸运的种子就可能发芽。

因此，在原产地足够多的实生苗木之中，总会

图5-3　分布于普路托山谷的鹤望兰，花芽相当少。摄于1981年6月11日

有一些花芽特性较好的苗。

●自然界有些极乐鸟花，尽管其花芽特性非常不好，也确实保存到了现在。因为开花数量较少的植株消耗的养分也比较少，能结出少量的种子，遇到易繁殖的年份，即使繁殖数量很有限，不能成为主流，但也有机会存活了下来。

●大部分植株属于中间类型，能开花繁殖，也比较长寿，成为原产地极乐鸟花的主流类型。

以上是我在原产地对极乐鸟花做了大量调查后，进行的推论。可以明确的是，原产地大部分鹤望兰植株与我们种植的相比几乎没有差别，平均每个分蘖开1~2支花，花芽不多也不少。

现在，鹤望兰经过人工大量地繁殖后，人工培育的植株与原生种相比，花芽特性方面表现出更宽的变异幅度。花芽特性优秀的类型开花旺盛，一定程度上会影响植株的生长；相反，花芽特性较差的类型，

少花或无花的植株叶片长势茂盛。与原生种长势相似的中间类型仍然居多数。

在原产地的原生种经过自然淘汰，中间类型成为了主流。目前生产上栽培的鹤望兰大多源自原生种，没有经过选择性的人工授粉与制种，没有经过淘汰而不断地繁殖。人工授粉如果以改良株形品质为目的进行，则能更多地保留优秀的遗传特征。若能经过筛选留住优良品种的话，则很有积极意义，遗憾的是，现实中并不是如此。相比原生种，改良的品种非常少，大部分未经改良的植株都继承了原生种的特性，有的反而比原生种更差。

理论上，极乐鸟花的任何个体都是在其叶柄的基部长出花芽，一片叶开 1 枝花，偶而也有开多支花的情况。但现实上让人感到疑惑的是：为什么有的植株花芽多，有的花芽少？是什么因素导致多开花的植株与少开花的植株之间的差异呢？

在叶形、株形章节讲述了极乐鸟花开花的必备条件，那些是形态上的问题。假设在理想的环境下种植极乐鸟花，个体之间开花数量必定存在着很大的差异。这时花产量与种植环境无关，是由其遗传基因决定的。花芽特性不好的个体，并不是因为在花芽形成时所需养分不足所致，而是因为它们只是进行着营养生长，这类植株的茂盛程度令人吃惊。

关于这种推断，如果还不能令人信服的话，作者进一步作如下阐述。

在极乐鸟花漫长的发展演化过程中，大部分植株为花芽特性的中间类型。如果花芽过多，对于其本身和子孙的繁衍都是不利的。即便贮存有足够的开花养分，也不能形成花原基的构造，不能影响其遗传因子。从另一方面看，具备这样遗传特征出生的个体，一定很适合原产地的生长环境，可以持续繁殖。于是，就成为了多数派。

而且，对于花芽特性特别不好的类型，自然界的这种调节显然是非常起作用的。

以现在的技术水平能否知道极乐鸟花的遗传因子构造是怎样的呢？促进花芽分化的遗传基因存在吗？或者抑制其作用的相对遗传因子存在吗？目前还没有这方面的研究开展。

极乐鸟花长期以来没有被改良。前面也讲述过了，现今的人工育种基本上是手工操作，快速、简单地提取自身的花粉进行授粉。因为这样是重复组合带

有相同遗传特征的遗传基因，当然不能指望有多大的改良，仅仅是继承其原有的遗传特征而已。所以，事实上，将普通种植的植株与原产地的鹤望兰相比较，完全看不出有多大差异。

为了弱化极乐鸟花抑制开花的遗传因子的作用，有必要进行异花授粉。从而组合不同的遗传基因，并从中发现具备优良遗传特征的个体。因此，选优的方法非常重要。

成年极乐鸟花一般每年新生 4 片叶子，1 片叶开出 1 枝花。盛夏是极乐鸟花的休眠期，叶子大多处于休息状态。按照选优标准，每个分蘖少于 3 个花芽的植株称不上为优良单株，幼小植株除外。当分株成为独立植株后，背阴部位的花芽不够好，每年每个分蘖能发 2~3 枝花的也算是正常的。而不以改良为目的的授粉与原生种比较没有多大进步，每个分蘖多为 1~2 枝花。

即使是优良单株的授粉，从种子到实生苗，由于遗传因子的分离，也不可能都是性状优秀的个体。即使优秀亲本之间的授粉，其后代特性优秀个体的比例也只能达到 70%~80% 左右，其遗传特征比母本更为优秀。

人工种植极乐鸟花的环境，土壤水肥条件与恶劣的南非原产地相比都已达到奢侈的程度。在如此优越的生长环境下，极乐鸟花应该可以尽情地开花，不必担心因消耗大量营养而枯死。但固执的极乐鸟花不会轻易改变在原产地漫长历史中形成的开花特性。其固执程度表现在：一方面，其生性壮实，不用精心管养都可以生长良好；另一方面，因其完全继承了原生种的遗传特性，对没有改良过的极乐鸟花，无论下多大工夫，大部分植株也很难开花。即使改变浇水方式使之干燥或湿润、延长或缩短日照时间、提高或降低温度、尝试使用各种药剂等手段，均不会出现期待中的理想效果。

其根本的原因还在于遗传基因。因此，在满足植株生长所需的保护地栽培环境下，培育优秀花芽特性的株系才是提高其开花数量的根本之道。事实上，这已被生产实践所证明，有的从业者正开始按这种方法种植极乐鸟花。因此，可得出如下结论：

极乐鸟花很粗生，只要符合其生物学与生态学特性就可以随意栽植。就算精心地管养、科学运用种植技术，也不会出现显著效果。因此，若想提高开花

数量，唯一可行的就是选择优良株系种植。

然而，对于打算引进极乐鸟花苗的人来说，判断苗木优良与否可不是件容易的事。鹤望兰是极乐鸟花之中的一个最常见的种类，其中包含了各种各样的不同变异类型。如前所述，至今除作者命名的四个品种外，没有其他的品种名。仅凭看种子、小苗，是无法辨别其属于哪个品种或类型，无法知道其叶形、株形、花芽特性等性状的。要知道这些结果，也是在数年之后。但那时，即使知道自己种植的不是优秀的品种或株系也为时已晚了。因此，种植极乐鸟花，结果如何不能仅靠运气。保险起见，自己必须清楚母本特性及授粉的情况。

目前，种植极乐鸟花的这种现状，相对于其他栽培植物而言，是何等的粗放、原始！然而，这就是极乐鸟花的现实状况。至今为止，极乐鸟花的选育工作尚未深入开展，我们只能期待于今后的发展，寄希望于未来。

图 5-4　三重县熊野市凑深氏的农场。摄于 1980 年 12 月

从鹤望兰实生苗开始种植，历时 4 年。这是经过改良的优良株系，花芽特性非常好。照片看得不是很清楚，一株苗有 10 枝花。

"今年创下了 1 株开花 18 枝的记录。明年会更好。1 片叶子开 2 枝花也不稀奇，令人惊奇的是有的植株甚至 1 片叶子开出 4 枝花！"凑深先生说道。其凭借年轻、敏锐的眼光分辨优良的单株，同时持续地进行严格的挑选，不断提高种植效率。

这种授粉是根据种植者的意图，照片上的个体很好地继承母本的遗传特征，花芽特性、叶形、株形都达到了理想类型。极乐鸟花的授粉必须以集中优秀的遗传基因为目的。

第六章 极乐鸟的优秀品种介绍

鹤望兰植株之间存在很大的变异，至今都保持着原生种的特性，也没有进行品种分类，在各地都是混种。作者从数年前开始对其进行研究，希望从中选出优秀的品种，理清混乱的现状。于是，反复进行各个株系之间的授粉。从各方面性状来看，以下2个品种可以认定为具有优良品质的杂交品种。

作为鹤望兰(Reginae女王)之子，分别命名为'橙色王子'和'橙色公主'，希望这2个品种能成为极乐鸟花的主力军。另外，名字中的'橙色'指的是花的颜色。

一、'橙色王子'（'Orange Prince'）

1981年，作者命名。

选择花芽特性特别优秀的株系铃木系为母本，用黄色品种'金冠'（'Gold Crest'）的花粉（父本）进行人工授粉。杂交品种'橙色王子'表现出了亲本的优良特性，达到了育种的目标。

1. 花色

橙色。

2. 佛焰苞

'橙色王子'强烈地表现了品种金冠的遗传特性，出现数量较多的呈紫红色佛焰苞的个体。其中，部分个体是绿色佛焰苞，颈部鲜红；部分个体佛焰苞颜色鲜红。鹤望兰花橙色，花瓣的颜色几乎没有差异，花之间的差异就在于佛焰苞的颜色不同。在这一点上，'橙色王子'是以选育出紫红色佛焰苞的鹤望兰为目标，这是这个品种最大特点之一。见图6-1~3。

鹤望兰是实生苗繁殖，不可能阻止其后代的遗传因子分离。因而，不能得到全部开出紫红色佛焰苞的花。尽管如此，还是有相当高比例的个体，花为美丽的紫红色佛焰苞。

3. 花梗

梗伸展，硬而坚挺。

4. 叶

浓绿色，肉厚，披针状圆形。根据个体不同，略有差异，叶背有白粉。

5. 株形

基本上是直立整齐的姿态，不占空间。分蘖程度中等。株高中等。

6. 花芽

开花特性非常好，超群。对鹤望兰鲜切花生产来说，无论栽培植株拥有多么优秀的各种性状，花芽特性不佳是不能使用的。橙色王子选育的第1个目标，就是花芽特性的良好。因为是实生苗，杂交后代中1片叶子产生1个花芽的普通个体较多，真正1片叶子产生几个花芽的高产株系实际所占的比例很少。种子繁殖不能阻止花芽特性一般水平的个体出现，针对这种情况，可以在定植时，进行选择性地淘汰。

二、'橙色公主'（'Orange Princess'）

1981年，作者命名。

与'橙色王子'一样，'橙色公主'选择的母本也是铃木系优选株系，用黄色品种之变异品种'非洲金'（'African Gold'）的花粉（父本）进行人工授粉的。

1. 花色

橙色。

2. 佛焰苞

稍长、宽大，是一个较丰满的大花品种。佛焰苞呈亮绿色，此品种的一个显著特征是颈部颜色鲜红，色彩明亮，十分艳丽。个体间佛焰苞特征略有差异。见图6-4。

3. 花梗

略细，较长，适用于长茎的切花。

4. 叶

亮绿色，多为披针形，先端尖。

5. 株形

基本是直立型的，不太占空间。分蘖程度中等。株高中等。

6. 花芽

开花特性非常优秀，称之为'橙色公主'真是名副其实。如果靠实生苗繁殖，仅有很少的比例植株达到优秀性状，宜选择性地淘汰为好。

图6-1 '橙色王子'（'Orange Prince'）

图6-2 在作者的农场，正在大量开花的'橙色王子'，种植了4年

图6-3 '橙色王子'，花芽特性无可挑剔，1个分蘖不停地从叶腋长出花芽，可开出4朵花

图6-4 '橙色公主'佛焰苞的颈部颜色鲜红，非常美丽

第七章　世界各地极乐鸟花的栽培概况

一、加利福尼亚

美国加利福尼亚州的气候条件与南非很相似，降水少，气候温暖，很适合露天种植极乐鸟花。自第二次世界大战后，极乐鸟花的种植面积在加里福尼亚州南部迅速扩大，倍受欢迎，并被选为洛杉矶市的市花。在洛杉矶及附近的城市，从市政花园到私家花园，到处都种着很多的极乐鸟花，深受大众喜爱。特别是在洛杉矶，不仅成为了市花，还在政府大楼附近的街道乃至政府部门的庭园都种植了尼古拉鹤望兰和鹤望兰。这些极乐鸟花植物与水泥石头构建出来的建筑相得益彰，柔化了水泥建筑物生硬的质感，营造出和谐的美景。与极乐鸟花种植专家耐克·范德·布吕根（Nick Vander Bruggen）交流得知，该地区大部分的极乐鸟花是其祖父捐赠的。

在联邦政府大厦的前花园里种植的尼古拉鹤望兰还意外地结了种子，非常令人惊喜！在原产地的南非由太阳鸟吸食花蜜而传粉，使极乐鸟花结子，没想到在加里福尼亚没有这样的小鸟也能结种子。

图 7-1　洛杉矶的郊外，耐克·范德·布吕根先生的农场在小小的山丘上，架设了电线塔，这是向电力公司租用的土地。这里有的年份在山丘下会出现霜降。

图7-2 洛杉矶市的官厅街

在联邦政府大厦的前花园里种植着尼古拉鹤望兰与鹤望兰。

图7-3 种植于洛杉矶市政府前广场的鹤望兰

这里是市民集会的场所，极乐鸟花美化了这个城市。

82

为了弄清楚究竟是什么鸟在传粉，第二天我步行来到联邦政府大厦。在尼古拉鹤望兰植株附近，发现了一群跟太阳鸟同类的麻雀，由于这两种鸟属于同类，似乎可以理解。但一般的麻雀是不吸食极乐鸟花的花蜜的。难道是因为此地食物来源少，没有办法才来觅食的，还是加州的麻雀就是喜欢极乐鸟花的花蜜？几乎可以肯定极乐鸟花的传粉是通过麻雀来完成的。后来，听布吕根说，在他的极乐鸟花种植场也常常有大群的麻雀来袭，围绕着盛开的极乐鸟花飞舞，有时也会造成严重的损失。

太阳鸟是极乐鸟花的天然伙伴，它不仅个子小、体重轻、而且吸蜜时也小心翼翼，几乎不会伤及极乐鸟花的花朵。这么来看，在加州以麻雀作为传粉媒介实在是有些不佳，麻雀身体沉重，站在花上乱啄一通，像尼古拉鹤望兰那样硕大而坚硬的花朵还好，而对鹤望兰的花朵则伤害不小。因此，在加州露天种植鹤望兰似乎总要担心"伏兵"的到来呢！

图7-4　在洛杉矶市，从圣迭哥（San Diego）花卉市场运送来的鹤望兰切花，加州生产的极乐鸟花鲜切花销往美国各地

图7-5　布吕根先生正在整理客户订购的鹤望兰鲜切花

83

二、夏威夷

　　极乐鸟花、红掌、朱槿与兰花统称为夏威夷之花。因为夏威夷是旅游胜地，这些美丽的花朵随处映入游客眼帘。极乐鸟花极具异国情调，常被人们误以为是热带花，从而把夏威夷当成其原产地。其实，极乐鸟花在夏威夷的种植量并不大，用于鲜切花生产的种植也较少，大部分都是庭院种植。

　　自然分布于南非的亚热带沿海地区的尼古拉鹤望兰喜欢水资源丰富的热带气候，在夏威夷也能茂盛地生长开花。但我个人并不认为鹤望兰特别适合夏威夷的气候。事实上，与南非、加州，甚至与日本相比，夏威夷鹤望兰植株的开花枝数相对较少。极乐鸟花的原产地南非，冬季有近半年的寒冷天气，即使是夏季昼夜温差也较大。对于适应了这种气候的鹤望兰来说，在整年昼夜持续高温的热带气候里即使有利于植株的生长，但对其开花并不是十分有利的！

　　即便如此，在夏威夷还是具有可以露天种植的优势。在公园、酒店乃至住宅的庭院内都种植着极乐鸟花。其鲜切花与红掌及观叶植物一起包装成为花束，深受观光者的喜爱。椰树摇曳在夏威夷的碧海蓝天下，极乐鸟花如欢快的小鸟，洁白的尼古拉鹤望兰花、橙黄的鹤望兰花共同构筑美丽的南国风光。

图 7-6　靠近怀基基（Waikiki）海滨的一角
鹤望兰原来的美并没有表现出来。

图 7-7　在夏威夷的墓园内点缀着色彩艳丽的热带花卉，极乐鸟花也为墓园增添了几分华贵

84

图7-8 纳尔斯普瑞特的苗圃,普遍使用塑料盆来种植极乐鸟花

三、其他地区

自18世纪80年代,极乐鸟花引入英国以来,在全世界范围内除了极其寒冷的地区外,几乎所有国家都有广泛种植。

●从墨西哥到南美,特别是秘鲁的种植量最大,主要以切花生产为目的种植,其中以日本侨民最为踊跃。

●在新西兰和澳大利亚,因为与原产地南非的气候环境相似,无论是鲜切花还是庭院都有大量种植。

●在东南亚虽然可以露天种植,但并不是最合适的地方。因为当地有许多热带鲜切花,所以对鹤望兰的需求并不大,种植量也小。

●由于欧洲各国气候寒冷,不适合庭院种植。鲜切花需求量又比较大,主要在地中海沿岸地区如意大利西西里岛等地种植,销往英国伦敦与法国巴黎等地,一支鲜切花价格超过1000日元,尚属不轻易使用的名贵花卉。

●韩国比日本冷,自然条件不太有利。虽然种植比较困难,但因鹤望兰鲜切花价格较高,仍有业者采取保温措施大力栽培。

●在日本,鲜切花种植面积逐渐扩大。这种花用于插花艺术,广泛用于婚礼和葬礼上,需求量逐渐增大。在日本的东北、北陆(本州岛北部,译者注)及北海道地区受气候限制,鲜切花种植较少。在温暖地区,多在露天或塑料大棚种植。还没有集中的大面积主产区,在全国各地都是因地制宜地分散种植。即便在适合露天种植的温暖地区,花卉也因风雨易受损伤。在城市郊区种植的鲜切花新鲜,很受欢迎,但存在长途运输费的成本问题。综合来看,也说不好哪里是最合适的种植地方。由于日本耕地缺乏,因此选育优良品种提高极乐鸟花的生产效率是很有必要的。目前,确切地说,选择优良品种种植是很困难的,因为种源少,根本没有得到普及。在这种情况下,特别期望今后具有开拓创新精神的育种专家投身于新品种的培育与扩繁,那样一定会极大提高日本极乐鸟花的种植水平。

随着极乐鸟花鲜切花种植的兴旺,种植爱好者的队伍也逐渐扩大。想必今后日本家庭在住宅的土地条件允许的情况下,极乐鸟花的盆栽会逐渐增多。

第八章　极乐鸟花的未来展望

第一节　染色体数量

图 8-1　授粉后生长两个月的果实（蒴果）
　　极乐鸟花的果实成熟在夏季需要 5 个月，在冬季需要 8 个月。

图 8-2　成熟后裂开的果实和种子
　　极乐鸟花的任何种类，都有橙色的假种皮毛。但可以确认，假种皮毛与发芽没有任何关系。

　　关于极乐鸟花（Strelitzia）的染色体数量，南非的学者得出了最新的研究结果。1980 年南非伊丽莎白港大学范德·文特尔教授，确认鹤望兰与棒叶鹤望兰的染色体数量相同（表 8-1）。从这两个原始种的形态极其相似来看，棒叶鹤望兰是鹤望兰突变的结果，可以假设，是为了适应干旱的环境而叶片退化了。

　　小叶鹤望兰被认为是两种的中间类型，曾用名为 S. parvifolia。范德·文特尔教授将鹤望兰与棒叶鹤望兰进行人工杂交，结果表明其杂种与分布于文斯特厚科（Vensterhoek）的野生中间类型的形态完全相同。由此，可以确认小叶鹤望兰是一个自然杂种。因而，现在 S. parvifolia 这个名称已作为废弃异名，包含在鹤望兰之中。

　　目前，有茎类的具尾鹤望兰的染色体数量还没有明确。我们希望能够出现清晰的分类线索，明确其染色体数量。

表 8-1 极乐鸟花的染色体数量

植物种	染色体数量
尼古拉鹤望兰（S. nicolai）	2n=14
白冠鹤望兰（S. alba）	2n=22
（Darlington and Wylie, 1955）	
鹤望兰（S. reginae）	2n=14
（Darlington and Wylie, 1955）	
棒叶鹤望兰（S. juncea）	2n=14
（Van de Venter, 1980）	

第二节　未来研究方向与品种改良目标

极乐鸟花在品种改良的研究方面，过去很长时间都处于停滞状态。近年来慢慢取得一定的进展，在花芽特性改良上，突破了极乐鸟花的传统局限，培育出了多花芽的品种；在株形上，也诞生了美丽优雅高贵的鹤望兰品种。未来的研究方向与改良目标应放在改变花的颜色方面。

一、黄色品种的扩繁

无茎类的棒叶鹤望兰与鹤望兰的花色基本上是橙色的，仅有少数是黄色的。而橙色是由黄色与红色混合而成的。一般认为类胡萝卜素呈黄色，花青素呈红色。极乐鸟花的黄色品种可能是基因突变使得呈红色的花青素消失，仅留下了呈黄色的类胡萝卜素而形成。

极乐鸟花的花色，通常只是有茎类的白色和无茎类的橙色，非常单调，希望还有其他的花色产生。极乐鸟花因突变而产生的黄色品种，不管是原生种群，还是人工栽培植株，数量都很少。扩大繁殖黄色品种的植株数量，可促进极乐鸟花的普及。

目前，市面上已有一些黄色极乐鸟花植株，但可以清晰地预见到两个问题：

其一，如果只考虑极乐鸟花具备黄色花的特性，那在世界各地还是有一定数量的黄色极乐鸟花植株的。但如前所述，不具备优秀的花芽特性和美丽株形的极乐鸟花株系，即使扩大繁殖，也不具备很好的观赏性与丰产性。符合如橙色花的优良品种标准，在数量本来就少的黄色植株之中，具备优秀遗传特征的黄色花株系数量就更加少了。

其二，因为黄色花个体是发生突变而产生的，在遗传上带有缺陷。即使是黄色花植株采取自花授粉的方法，产生实生苗后代中黄色花的比例也是非常低的。要能稳定地繁殖出来，还需要一段时间。我认为，必须研究其组织培养技术。

虽然极乐鸟花特性改良艰难，还是有如下 2 个黄色优良品种选育成功了。

1. '金冠'（'Gold Crest'）（金鸡冠、徽章的意思）

1980 年，作者命名。

（1）花色

纯黄色，美丽的冷色调，气质高雅大方。花瓣（舌状花瓣）浓青紫色。佛焰苞呈紫色，颈部红色。见图 8–3。

（2）花形

花瓣（准确地说是萼片）中等大小，佛焰苞近圆，长度略短。

（3）花梗

硬度、粗度、长度均中等。即使是在通风、光照不佳的环境下，亦不易弯曲，梗很坚挺。

（4）叶

浓绿色，肉质厚叶，偏圆披针叶形。叶幅、叶形均标准型。叶片在嫩叶时，中脉呈红色。叶背带有白粉，呈银色。

（5）株形与其他特征

直立型，不占空间。生育、花芽特性都很好。分蘖中等，株高中等。

2. '非洲金'（'African Gold'）

1980 年，作者命名。

（1）花色

纯黄色，柔和美丽。花瓣浓青紫色。佛焰苞绿色，颈部、尖部与上部边缘红色，高贵典雅。见图 8–4。

（2）花形

花瓣较宽，丰满。佛焰苞、花瓣都较长，属于大花型。

（3）花梗

细长，没有'金冠'那么粗壮。

（4）叶片

绿色，比'金冠'淡。宽度稍狭，披针形，先端尖。嫩叶的中脉呈红色，叶背有白粉，呈银色。厚度略薄。

（5）株形与其他特征

株高中等，比'金冠'略高。分蘖中等，生育、花芽特性均良好，与'金冠'相比难分高低。

图 8-3　鹤望兰的黄色品种'金冠'（'Gold Crest'）

图 8-4　鹤望兰的黄色品种'非洲金'（'African Gold'）

二、其他花色

花色为白色的极乐鸟花种类为有茎类的尼古拉鹤望兰、白冠鹤望兰及具尾鹤望兰。而无茎类种间相互交配，至今还没诞生白色的花。若无茎类与有茎类种间进行杂交，则有可能产生白色花的极乐鸟花品种。

怎样的组合才能诞生新生命，我认为必须保证二亲本的染色体数目相同。虽然尼古拉鹤望兰与无茎类的鹤望兰、棒叶鹤望兰相比，在形态和对环境的要求上，都存在着较大的差异。但有意思的是，它们的染色体数相同，都是 $2n = 14$。事实上，在我的农场，

正在繁殖鹤望兰与尼古拉鹤望兰杂交的苗木，种间杂交成功几率较低，采种量少。现在生长中的 F1 代苗木的形态，似乎较多地继承了鹤望兰的特性，但尚不知其花色如何。我带着期待，继续开展着杂交选育工作。可以推测，假如开出白色的花，那也不可能是第一代，至少是第二代的杂交组合。

与此同时，黄色极乐鸟花品种也应该成为杂交的亲本。白色极乐鸟花品种也仍然可以期待在黄色极乐鸟花品种与有茎类种间杂交组合中产生。

至于红色与粉色极乐鸟花，目前还完全没有一点头绪，只要坚持不懈地进行品种之间的杂交育种，或许将来有一天会有结果吧！

第九章　极乐鸟花的自述

我是极乐鸟花家族（*Strelitzia*）中的一员，人们尊称我为"女王"（reginae）[①]。我的故乡在南非，我的名字是英国人在温室中看见我们花朵时给起的，欢迎大家来我的家乡南非草原观光游览。"女王"这个名字是名副其实的，在南非草原植物之中，我们的靓影绚丽夺目，被称为"女王"是一点儿也不过分。

想知道我的年龄吗？已超过了100岁了。我们比人类可要长寿！以我这样的年龄，人类一定是垂暮之年了。可是我们这个年纪，对极乐鸟花来说，还是精力旺盛的年轻人呢！至于证据嘛，看看我们健美的身材你就知道了。为什么会有如此大的差距呢？因为我们只吃低热量的美容食品，而不像与人类生活在一起的植物那样，营养过剩，过着不健康的生活。

我们住在山林深处幽静的普路托山谷，祖祖辈辈在这里住了数十万年、甚至数百万年。总之，这是连我们的祖先也弄不明白究竟是多么久远的事情。听祖母说：在很久、很久以前，我们祖先出生的时候，这里的气候可要比现在湿润多了，感觉非常舒适。

图 9-1　在山顶的陡坡处远眺普路托山谷的中心部分，明显可以看见右边裸露的岩石附近野生的鹤望兰

[①] 译者注：根据国际植物命名法规，植物的名字由属名及种加词的双名构成。*Strelitzia* 是属名，reginae（女王）是种加词，两者一起，即 *Strelitzia reginae* 构成鹤望兰的名称。

图 9-2　鶴望兰的生境

那时我们的姿态或许也与现在有些不同吧！

但是，那样宁静的生活似乎没有持续太久，随着地球气候变化，这里的雨水逐渐减少，天气也变得越来越冷。我们家族中的一部分成员因不能抵御寒冷与干旱，迁移到雨水充足，气候温暖的沿海地区。就这样，我们分家了。那就是大家熟悉的尼古拉鹤望兰和白冠鹤望兰。

其实，我们鹤望兰并不是讨厌雨水。即便雨水少，我们也能忍耐。如果我们也住到雨水丰富，气候温暖的地方去，又会因为生长旺盛，竞争随之更加激烈。尼古拉鹤望兰和白冠鹤望兰为了长大，竭尽全力地吸收水分。因为，它们的周围都是大树，如果不努力的话，可能会危及它们的生命。

普路托山谷也不是那么适合居住的地方。日本人常这么说：居住的话，去城市！这里不仅雨水少，岩石还多，雨水往往顺着岩石就流走了。其它的植物朋友们对此地敬而远之，不会轻易来到这儿。因为没有激烈的竞争，我们淡定地过着悠闲宁静的生活。

而我们的姐妹棒叶鹤望兰，为了开辟新天地，离开了这里，勇敢地迁居到更加干旱的乌坦海治草原与伊丽莎白港了。它们不可能像当年的荷兰移民那样，做好充分的准备，驾着马车出发。由于叶子会消耗大量的水分，好不容易带去的叶子，因此枯萎了，仅剩下叶柄和根，用"赤条条"形容也不过分。不过，现在它们在那里生活得倒挺好。那么，去了文斯特厚科（Vensterhoek）的伙伴棒叶鹤望兰现在过得好吗？它们告诉我："我们和鹤望兰结婚了，生下的孩子是混血儿[1]。它们长得既像父亲又像母亲。很不可思议！其实，这种事情，在人类世界并不稀奇，更何况在非洲混血儿本来就很多。"

迁居到沿海地区生活的大个子伙伴们之中，也有像棒叶鹤望兰那样移居到内陆定居的，那就是具尾鹤望兰。不过因为气候变化不大，模样几乎没有发生变化。

不知何时，我们极乐鸟花家族能再欢聚一堂。那时，我一定会与尼古拉鹤望兰、白冠鹤望兰、具尾鹤望兰等大个子的朋友展开激烈的争论一番，评一评究竟谁是嫡传。

尼古拉鹤望兰的主张是"很久、很久以前，这里温暖湿润，植物都长得很高大。极乐鸟花的祖先，当然与我们一样高大威武。后来因为气候变得寒冷而干旱，我们就迁居到温暖的地方去了。而你们为了适应干旱的气候，在这里住下来，个头变小了。"

我们鹤望兰的名字是用女王来命名的，虽然尼古拉鹤望兰被冠以俄罗斯皇帝的名字且身材魁梧高大，但白冠鹤望兰也曾拥有 augusta（仪表堂堂）这样名门望族才用的名字。所以我觉得，谁是嫡传这个问题始终没有解决。

我没有偏袒自己的意思，在极乐鸟花大家族中，我认为我们鹤望兰是嫡系，或者说离嫡系最近。

证据嘛，不是没有。我们的高个子亲戚，巨大的极乐鸟花看似得意，那花是白色的吧！不过，我们已发现了它们的秘密。它们的花虽是白色，但种子的毛色与我们一样，都是橙色。所以我们身体的一部分颜色，出现在种子上是可以理解的。而且，它们的身体里没有橙色，为什么种子的毛会是橙色的？这一点难道不觉得奇怪吗？

而且他们的种子大小也和我们的几乎一样。难道它们很久以前不是和我们一样开橙色花吗？我想那是因为它们移居到沿海，且植被茂盛的地方居住，鲜艳的橙色已不适应，从而变成了白色。

我们鹤望兰与妹妹棒叶鹤望兰住在草原或灌木丛中，橙色非常醒目。即使是在快速行驶的车上，从很远的地方就能看见芦荟和我们的花。两者的花色都是橙色的。为什么是这样的呢？我想如果不问创造我们的上帝的话，那是不可能弄明白的。醒目的颜色是不是为了让我们的朋友太阳鸟，容易看见我们的花？还是因为我们居住地方是辽阔的平原和山丘，如果没有清晰的标记，小鸟们会迷路的？我们准备了花蜜，期待小鸟们飞来。因为小鸟们不来的话，我们就结不出种子。为了我们的子孙万代，那可是件大事。你们人类，有的人因为我们的花没有香味而感到遗憾。但太阳鸟们，似乎只要有鲜艳的橙色与甘甜的蜜汁就已经很满足了。

前面提到我们的亲戚们，它们种子的毛色都是

---

① 译者注：这里混血儿是指鹤望兰与棒叶鹤望兰的天然杂交种小叶鹤望兰

图 9-3　原产地鹤望兰种群

橙色，接下来就讲讲关于种子的话题吧！

我们种子的模样很有趣，大小像大豆那样，是黑色的，在头部有长约 3 毫米的绒毛。像戴着顶帽子一样可爱，至今还有许多人随心所欲地想象。有人说："极乐鸟花种子是通过头部的绒毛吸水而发芽，所以那毛就像是吸水管，起着关键的作用。"

这种没有经过实证的话，感觉像真的一样，也有人就相信了。但是近年，南非范德·文特尔教授说："极乐鸟花种子的假种皮（指头部的绒毛）对发芽没有任何作用。"至此，终于有了一个明确的结论了。

如果是这样，为什么种子上还长着绒毛呢？铃木先生这样询问范德·文特尔教授。"我也不知道。"教授笑着回答。对自己不明白的事情，因没有证据，也不随便表态，真是学者风范。

事实上，我们鹤望兰被问到这个问题时自己也

弄不明白。我们常常仰望蓝蓝的天空，自问从自己身上落下的孩子们是怎样发芽的？至今，我们还没有答案呢。

那么，既然如此，便有了一些随意的假设。有一位日本人说："极乐鸟花种子的毛，起着漂浮的作用。落下的种子，随着雨水流动时，毛起着漂浮作用。漂到哪里就在那里发芽、生长、扩大、繁荣。"肯定的语气似乎他亲眼所见一样，铃木先生在旁听见，强忍住笑。的确极乐鸟花的种子最初会浮于水面，但绒毛吸水后变重，也会下沉的。

那个人肯定没去过原产地，去过原产地的人不可能做出这样的错误推测。如果按那位仁兄的说法，我们的种子在山上顺水而流下，最终落到谷底，集聚而生。但实际上，我们大多居住在山丘的顶部到半山腰的位置。我们谁也不想去也不喜欢谷底幽深、阴暗的环境。关于我们极乐鸟花，人类不仅研究迟缓，

而且，种植人员学习的也不够。如果不明白，就信口开河，那对我们来说真是一件悲哀的事。如果不知道我们在原产地是如何生活的，即使他们正在种植极乐鸟花，也会做出错误的推断！

接下来，关于种子绒毛，听听铃木先生的假设吧！

"关于种子的绒毛，是搬运种子的蚂蚁或昆虫们的粮食。在我家里，用手指剥下的绒毛都被很多的蚂蚁搬走了，我手指上留下了油味，似乎还夹杂有甜味呢。我住地附近的蚂蚁都很小，不可能搬动种子。如果是大型蚂蚁或昆虫是完全可以搬动种子的……这似乎是真，又好像是虚构的。"铃木先生笑着说。"为什么？为什么？我的推理还是有一定道理的。因为按这种方法搬运的话，种子不会跌落到谷底，而会在中途停留下来，并且生根发芽。当然，根据虫巢所在的位置，也会搬到更高的地方。"

"我们与人类相遇那是5000年前的事，好像是我曾祖父的年代。"常常听母亲这样说。

那时候，生活在这里的人类是个子较小的布须曼兰民族，他们擅长守猎。幸好我们住在悬崖陡峭上，是连动物都难以靠近的地方。也许，他们来到过我们附近。后来被布须曼兰民族驱逐，才迁居到北方沙漠地区。在南非各地的悬崖峭壁上，都留有他们的祖先书写的绘画与崖刻。那些绘画的内容是当时他们祖先守猎与捕获猎物时的场面，而我们并没有被他们画下来。

在布须曼兰民族走后不久，个子高大的黑人们来到了这里，他们被称呼为班图族。听说他们是来自炎热的北国，终日奔波于生活，对我们美丽的情影却视而不见，现在也是这样。他们的子孙现在居住在我们的附近，对我们仍然是漠不关心的。那可能是因为我们既不能成为他们的粮食，也不能成为他们的生活必需品。

继黑人之后，白人来了。就是这些白人首先认识到我们的美丽。但不幸的是，好像那时战争纷起。黑人与白人之间，先来的白人与后来的白人之间，在我们附近发生了战争。先来的荷兰人被后来的英国人驱逐，荷兰人乘着马车逃向了北方，那是发生在我们刚出生时的事情。

自那以后，人们接踵而来，但都匆匆而过，并没有定居于此。因此，我们没有成为被害者。最终，

还是平安地生存了下来。我的伯母远行英国已有200年了，在世界各地都有我们的子孙繁衍，深受人们的喜爱。为此，我们感到很自豪。不过，居住在祖辈居住地的我们还是会为子孙们的将来担忧。近年来，人类人口急剧增长，人口密度加大，即使是南非，也到处都在开发。现在还没有人类行走的普路托山谷，将来不知什么时候也会成为人类的住所呢。

如今，太阳依然升起，正是如春天般的好季节，常常下雨，没有缺水的困惑。这里天气炎热、日照强，我们的喉咙都很干了呀。到了夏季，天气更加炎热，夜晚依然很冷。无论是夏季或是冬季，我们没有感到有什么很大的差别。我既喜欢白天强烈的阳光，也喜欢夜间刺骨般的寒冷。即使如此，我还是没见过雪和冰，但我感受过那种寒冷了。也许因为这里水分少，结不了冰。即使在这么寒冷的日子，只要太阳一出来，又将开始温暖的一天。很快又是太阳鸟先生访问我们的时间了吧！

再见，期待着与你们人类再次相见呢！

第十章 极乐鸟花名的考证

"极乐鸟花"的名字是由英文"Bird of Paradise Flower"[1]翻译成为日语的，Paradise是"乐园"的意思，与日语的"极乐"含义上还是有点差异的。但因为翻译成"极乐"，在日本引起了奇怪的现象，这也是日本特有的，在其他国家不会出现这样的情况。

现在的日本年轻人似乎对于"极乐鸟花"这个名字没有好的印象。并且极乐鸟花名对于花的形象似乎只起到反作用。一听到"极乐"，他们便联想到佛教的"地狱、极乐"，似乎感受到了死亡的味道。

数年前，有一位老太太来我家说："请带我看看你家的地狱花。"

虽然这只是漫不经心的失误，作为笑话一笑而过。但我仍然困惑于这个名字对其产生的负面影响。

其实"极乐"之名也有着积极的作用。"极乐"一词也有吉利、祝福之意。极乐鸟花鲜切花多用于庆典之用，特别是用于葬礼的鲜花，只要在菊花之中插上1~2支极乐鸟花，花束就会因此而高贵。另外，还可以提高售价，委托人亦满意，对双方都有利。因此，现在日本国内正在扩大极乐鸟花的种植面积，这对扩大鲜切花的消费也起着很大的作用。这一定是一件值得高兴的事。但如果过于强调对"极乐"负面感觉的话，恐怕会突出极乐鸟花"葬礼之花"的意思。也许以前日本人对于"极乐"的印象或者理解接近乐园的意思。但现代人的感觉好像"极乐"不是那么的受欢迎。

然而，即使考虑更好的名字取而代之，在日语中除了"极乐"之外，也没有发现更适合的词语。若不是花名，而是极乐鸟的鸟名的话，就没有听说有这样的负面印象，也许这是花和鸟的差异吧！在日本，鸟类不像鲜花那样贴近生活，不容易引起更多关注吧！究竟是什么原因，至今也弄不清楚。

在国外，极乐鸟花的名字也同样存在问题，因为"Bird of Paradise Flower"的名字太长，读起来不方便。为此，在南非很多人称其为"鹤之花"。而在日本的花卉市场，工作人员由于繁忙，即使是"Strelitzia"（极乐鸟花）也觉得太长，而缩减为"litzia"。所以，无论多么动听的名字，如果太长也会觉得麻烦。

极乐鸟花的学名是Strelitzia，极乐鸟花与"Strelitzia"这2个名字的一般用法如下：

（1）Strelitzia

使用"Strelitzia"的大多是与花亲密接触的人们，即种植者、鲜花店、切花店的相关人士及植物爱好者……

（2）极乐鸟花

使用"极乐鸟花"的常常是仅仅见过极乐鸟花，知道这种花而已，他们大多没有亲密接触过。极乐鸟花的名字更容易记住，而Strelitzia比较晦涩难记。

在本书中，作者开始是偏向采用"极乐鸟花"这个名字的，但随着写作的进行，不知不觉偏向使用"Strelitzia"。这可能与我自己平时常常使用Strelitzia而不太使用极乐鸟花有关[2]。在形成文字之时，为了发音更加准确，作者在'ストレチア'之中加入'リ'，成为了'ストレリチア'。其实在实际口语当中'ストレチア'更接近英语的发音。

既然如此，姑且不论本书的名称，平时主要是使用的'ストレチア'，而将"极乐鸟花"作为从属称呼不好吗？

以下介绍2种同产南非的著名花卉。

---

① 我国通常将 Bird of Paradise Flower 翻译成天堂鸟，译者注。

② 在本译书中，为便于国人理解，通常不做两者的区分，而统一译作中文名"极乐鸟花"，有时要强调拉丁学名时才在中文名后括号附上学名 Strelitzia，即极乐鸟花（Strelitzia），译者注。

图 10-1 帝王花
　　摄于伊丽莎白港往西 40 千米处的庞斯塔特丝野生花卉保护区。

图 10-2 帝王花插花

（1）帝王花

　　帝王花（*Protea*）与极乐鸟花（*Strelitzia*）并列成为南非闻名世界的两种花卉。极乐鸟花具有笔直、锐利的美感，用于插花艺术需要一些技术与经验。而帝王花呈圆形，外形丰满，即使是外行也可以简单地用来插花。由于帝王花使用方便、且保鲜时间非常长，集诸多优点于一身，深受人们的喜欢。

　　帝王花（*Protea*）种类很多，其中巨大帝王花（*P. cynaroides*）的花朵最大。别名巨型帝王花，还被称呼为国王花。

　　从开普敦到伊丽莎白港的山脚下，分布了许多种类自然生长的帝王花，而不像发现极乐鸟花那么艰难。

图 10–3　野生兰花：小花豹斑兰（*Ansellia gigantea*）
　　拍摄于具尾鹤望兰的原产地，在德拉肯斯山脉东面的克鲁格国家公园的斯库库杂勒斯托野营区发现的豹斑兰（*Ansellia*），附生的树木已枯死了。为了适应强烈的光照，草长得不高，但能健康地繁衍后代。

（2）豹斑兰

　　南非的兰花大多洋溢着异国风情。其中豹斑兰（*Ansellia*）是最大的兰花，球茎可以培养到高达 90 厘米，发现最大植株的冠幅达 1 平方米。花期在春天，花梗分枝，大多数的花朵黄色，带有褐色的斑点。

　　豹斑兰（*Ansellia*）有 2 个变种，大花变种（*Ansellia gigantea* var. *nilotica*）产于肯尼亚附近的北部地区；南非产的为小花原变种（*Ansellia gigantea* var. *gigantea*），清纯的黄色花十分美丽。

　　原产地仅限于从纳塔尔省的祖卢兰到德兰士瓦省的低山草地的山谷。

结束语

因为被极乐鸟花（*Strelitzia*）深深吸引，至今为止，我已经先后四次访问南非。当地有这么一句谚语"喝过南非水的人，必定还会回到南非来。"初次听到这句话是第一次来南非原产地考察的时候。当时并没有什么特别的感觉，抱着将信将疑的态度听听而已。但是，现在南非之行已成为了我一年之中的例行活动了。

最初去时还觉得很辛苦，现在一踏上南非的土地，就像回到了第二故乡，很有安全感。有时即使我在日本的家中，心也常常飞向了极乐鸟花的原产地。日本与南非不仅是距离很远，旅费昂贵，自然地理和气候人文等方面都是相差甚远。每次出发时都会想"这是最后一次去南非了吧"。但当工作结束后准备离开南非时，朋友与其夫人及孩子们说："铃木先生，请明年再来！"虽然我回答到："我也期待着再来。"但内心想大概不可能再会了吧！真是依依不舍。

回到日本不过一个月而已，就已经无法自控开始制定下次的访问计划了。我似乎难逃南非之水的魔力了。在日本湿润的气候、本土习俗中长大的我看来，南非的大部分土地是延绵不断的干旱至半沙漠的丘陵地带。尽管南非的自然环境如此恶劣，但生命力极强的植物们，却深深地吸引着我，使我不能停住靠近它们的脚步。无论去到任何地方的极乐鸟花产地，都让我觉得异常欣喜。每次都会有新的发现，牵引着我不断地探索其无穷的魅力，使我常常久久地凝视着它，直到朋友们催促才依依不舍地离开。

可以说，我对极乐鸟花的热爱程度近乎狂热。想来也有些不可思议，我并不是大学或研究机构的科研人员，却是个单纯以研究极乐鸟花作为工作中心的个人研究者。仅仅因为一种兴趣，成为以"花"相伴的"专业"极乐鸟花种植者和研究者。如果仅仅是为了研究而研究，那样的人生太单调了。但不可否认，从当年浪漫地追寻极乐鸟花之时起，我的生活就转变成以极乐鸟花为中心了。20 多年以前，当我第一次见到极乐鸟花时，惊讶不已。

来到极乐鸟花的原产地之后，亲眼目睹了野生植株，感动之情无以言表，仿佛时光停滞。那份激动让我终生难忘。

如今即将出版《极乐鸟花的世界》一书，是以前出版的《魅力之花——极乐鸟花的栽培与研究》《极乐鸟花与其相关报道》的后续之作。除丰富了内容之外，还从不同的角度收集与整理有关资料。本书以"极乐鸟花究竟是怎样的花"为重点来撰写，如果栽培指导或研究方面存在着不足的话，敬请各位包涵一位个人研究者的随心所欲。

尽管如此，承蒙各方朋友的大力支持，本书《极乐鸟花的世界》终于迎来即将出版的时刻了，在此我衷心地感谢：

● 在南非的伊丽莎白港，经常热情迎接我的谢尔顿（J.E. Shelton）园长及家人；

● 常常亲切接待我的萨特乐斯公园（Sattlers Park）的奥杰斯（A. Odgers）先生；

● 筑起研究极乐鸟花基石的范德·文特尔（Van de Venter）教授；

● 当我作为外国人感到不适应时，给予我温暖与关怀的东伦敦昆斯公园的奥德尔(J.E. Odell)园长夫妇；

● 在纳尔斯普瑞特（Nelspruit）柑橘研究所所长格勒布勒（J.H. Grobler）博士夫妻的大力帮助下，及时得到林赛·米尔恩（Lindsey Milne）博士的陪同，使得我能够顺利地来到具尾鹤望兰的原产地，进行实地调查，衷心地感谢南非所有热情的朋友们；

●加利福尼亚的极乐鸟花鲜切花供应商，忠厚本分的耐克·范德·布吕根先生；

●经常给予指导并协助翻译英文的平尾秀一先生；

●最后感谢期待我的著作问世，给予我极大的鼓舞的日本、韩国、南美的极乐鸟花的种植者、指导机构的朋友们。

在此，再次衷心地感谢大家！

下 篇

鹤望兰

第一章 鹤望兰概况

第一节 鹤望兰家族的前世今生

鹤望兰（*Strelitzia reginae*）属于鹤望兰属（*Strelitzia*）植物，广义上与芭蕉、姜花、美人蕉、竹芋等具有共同祖先，都属于被子植物门的单子叶植物纲，合称姜目，或称芭蕉目。在《中国植物志》中将姜目分为芭蕉科（Musaceae）、姜科（Zingiberaceae）、美人蕉科（Cannaceae）和竹芋科（Marantaceae）4 科，鹤望兰属归入芭蕉科。

近年来，有关学者将兰花蕉属、旅人蕉属、鹤蕉属分别从芭蕉科中独立出来，设立兰花蕉科（Lowiaceae）、旅人蕉科（Strelitziaceae）、鹤蕉科（Heliconiaceae）；将闭鞘姜属从姜科独立出来，设立闭鞘姜科（Costaceae）。于是，姜目就有闭鞘姜科、姜科、美人蕉科、芭蕉科、兰花蕉科、旅人蕉科、鹤蕉科（又称蝎尾蕉科）及竹芋科共 8 个科，其中旅人蕉科与鹤蕉科亲缘关系更紧密些。

鹤望兰属（*Strelitzia*）是旅人蕉科植物，因而广义的鹤望兰家族即旅人蕉科植物，包括旅人蕉属（*Ravenala*）、南美旅人蕉属（*Phenakospermum*）与鹤望兰属（*Strelitzia*）3 个属。

1. **旅人蕉属**（只有一个种，即旅人蕉。）

旅人蕉，扇芭蕉

Ravenala madagascariensis Sonn.,Voy. Indes Orient. (Sonnerat) 2[ed. qto.]: 223, tt. 124–126; 3(ed. oct.): 244 ,1782.

英文名是 Traveler's Palm 或 Traveler's Tree。原产于非洲岛国马达加斯加，是该国最著名的观赏植物，也是其国花之一，被当地人称为"旅行家树"或"生命之树"。目前我国广东、台湾、海南及云南的西双版纳州等热带、亚热带地区都有栽培。

旅人蕉为大型常绿乔木状草本植物，茎直立，不分支，株高一般 2~8 米，有时可达 20 米；叶片大型，二列状排列，犹如孔雀开屏。花两性，数至 10 余朵；舟状佛焰苞排成蝎尾状聚伞花序，花序侧生；种子有条裂的蓝色多毛的假种皮。见图 1–1~1–6。

旅人蕉姿态优美，风情万种，极富热带风光，可用于风景区、公园、庭院及小区绿化，可孤植、列植或丛植。

图 1–1 旅人蕉孤植

图 1-2　旅人蕉公园单排列植

图 1-3　旅人蕉双排列植

图 1-4　旅人蕉丛植

图 1-5　旅人蕉蝎尾状聚伞花序

图1-6 旅人蕉成熟开裂蒴果与种子

2. 南美旅人蕉属（*Phenakospermum*）（又称渔人蕉属，原产于南美洲北部热带地区，为单种属。）

南美旅人蕉，渔人蕉

Phenakospermum guyannense (A.Rich.) Endl. ex Miq. Bot. Zeitung (Berlin) 3: 345. 1845

英文名为 South American Traveler's Palm。

与旅人蕉非常相似，株高可达10多米，叶二列，但花苞更巨大，可达1.2米，直立向上、螺旋状的蝎尾状聚伞花序，种子具有深红色多毛的假种皮。而前者旅人蕉蝎尾状聚伞花序长约25厘米，佛焰苞密集，种子具条裂、蓝色多毛的假种皮。见图1-7~1-14。

3. 鹤望兰属（*Strelitzia*）

为本书介绍的重点，其叶虽二列，但整体上并不严格成二列扇形。花序侧生，种子具橙色的多毛假种皮。

图1-7 南美旅人蕉居群

图1-8 南美旅人蕉植株

图 1-9　南美旅人蕉直立状花序

图 1-10　南美旅人蕉佛焰苞

图 1-11　南美旅人蕉果序

图 1-12　南美旅人蕉蒴果

图 1-13　南美旅人蕉成熟开裂蒴果 图 1-14　南美旅人蕉种子

第二节　鹤望兰的发现与传播

鹤望兰为旅人蕉科鹤望兰属植物，原产于南非东开普省及夸祖卢－纳塔尔省，大约在 280 年前（即 1740 年）才被人们发现。长期以来在原产地的鹤望兰都是野生的，一直默默无闻，引入欧洲后作为园林植物被广泛应用于公园、道路、庭院等场所的绿化中。

1773 年，英国植物学家约瑟夫·班克斯（Joseph Banks）将其从南非移栽到伦敦西郊的英国皇家植物园邱园，因其花形美艳，首个花季就引起了巨大轰动，于是欧洲各国竞相引种栽培。约在 19 世纪后期，鹤望兰流传到了美洲，并在美国落户，人们对鹤望兰情有独钟，不仅被广泛种植于洛杉矶、旧金山等许多著名的大城市，而且洛杉矶市把它作为市花，成为城市的象征。与此同时，鹤望兰也被引种到了日本，广泛种植于公园、皇家花园等场所或盛行于家庭盆栽。20 世纪 70 年代，德国、荷兰、意大利、瑞典、以色列、菲律宾、澳大利亚、新西兰等国广泛开展了鹤望兰的研究与栽培。目前，世界上许多热带和暖温带地区均有栽培。

在 20 世纪 60~70 年代后期，鹤望兰才从日本和欧洲引种到我国，80 年代又从荷兰、美国、南非等国进行了引种。起初鹤望兰在我国以盆栽为主，1989 年之后它开始被作为鲜切花使用。进入 21 世纪，浙江、江苏、广东、云南、福建、海南、天津、北京、山东等地都已陆续建立了较大规模的鹤望兰生产基地，如浙江省林业厅种苗花木场、苏州花卉中心、深圳四季青鲜花公司、上海花卉良种试验场、广州番禺鹤望兰花木场等。鹤望兰成为我国新兴的珍稀花卉，我国也已成为鹤望兰鲜切花和盆花的重要生产基地。在华南地区园林绿化中也时常可见鹤望兰、尼古拉鹤望兰的倩影（图 1–15）。

第三节　鹤望兰名称的来由

图 1–15　鹤望兰花朵

鹤望兰的学名为 *Strelitzia reginae*，属名 *Strelitzia* 是以英国国王乔治三世的王后莎洛蒂·梅克伦堡·施特雷利茨（CharLotte Von MeekLenburg–Sterlitz（1744—1818），后为英国女王）的名字命名的，种加词 reginae 是王后的意思。相传浪漫多情的莎洛蒂王后一生喜欢各种奇花异草，在英国皇家植物园邱园第一次见到鹤望兰时，就被这个美丽动人的花卉深深吸引，许愿来生愿意化为天堂鸟（鹤望兰别称）。植物学家约瑟夫·班克斯闻讯后就以王后的芳名作为鹤望兰的属名，以兹纪念。

鹤望兰叶片挺拔秀丽、四季长青、形似芭蕉，给人以古朴典雅的美感。其花梗奇特、婀娜多姿；花梗上佛焰苞斜伸，整个花序似一只仙鹤的头冠，翘首远望，形态生动，花朵寿命较长，故中文取名为"鹤望兰"；佛焰苞里着花数朵，次第开放，每朵花犹如一只美丽的鸟儿，橙黄色的双翅（花萼）、深蓝色的头颈（花瓣）、洁白的小嘴（柱头），下面还衬托着红晕的佛焰苞，风姿独特轻盈，让人观赏之后，赞叹不已。有人认为这样完美的花是无可言喻的，可以与世界上最美好的天堂鸟相提并论，因而又有"天堂鸟""天堂鸟花""极乐鸟""极乐鸟花"的美名，英文名则为 Crane Flower，Bird of Paradise，Bird of Paradise Flower，Queen's bird–of–paradise flower，Bird's Tongue Flower。

第四节　鹤望兰属的分类

鹤望兰属（*Strelitzia*）是旅人蕉科最重要的一个属，原产于南非东开普省和夸祖卢 – 纳塔尔省，现今世界广泛栽培。据研究，鹤望兰属自然分布有 5 个种，分别为鹤望兰（*Strelitzia reginae* Ation）、尼古拉鹤望兰（*S. nicolai* Regel & Körn.）、白冠鹤望兰（*S. alba* Skeels）、具尾鹤望兰（*S. caudata* R. A. Dyer）与棒叶鹤望兰（*S. juncea*）。另有 2 个杂交种，分别是小叶鹤望兰（*S. × parvifolia* W. T. Ation）与邱园鹤望兰（*S. × kewensis* S.A.Skan）。

鹤望兰属植物是多年生常绿草本植物，叶椭圆形，有些基部木质化，花序从叶腋中长出，佛焰苞船形、蜡质、挺拔，花色丰富且对比强烈。

一、分种检索表

1. 具明显茎，茎可达 6~10 米

　2. 下萼片有细长的尾状突起，叶宽 80~85 厘米 ⋯⋯⋯⋯⋯⋯⋯⋯⋯⋯⋯⋯⋯⋯⋯⋯⋯⋯⋯⋯ **具尾鹤望兰**

　2. 下萼片无突起，叶宽 45~60 厘米

　　3. 花冠通常青绿色至浅紫色，箭头状，萼片白色，有时基部浅紫色，叶长 1.5~1.75 米，宽 60 厘米，叶柄绿色，腋芽多 ⋯⋯⋯⋯⋯⋯⋯⋯⋯⋯⋯⋯⋯⋯⋯⋯⋯⋯⋯⋯⋯⋯⋯⋯⋯⋯⋯⋯⋯⋯⋯⋯⋯ **尼古拉鹤望兰**

　　3. 花冠白色，小圆形状，萼片白色，叶稍小，长 1.5 米，宽 45~60 厘米，叶柄常苍白色，腋芽较少 ⋯⋯⋯⋯⋯⋯⋯⋯⋯⋯⋯⋯⋯⋯⋯⋯⋯⋯⋯⋯⋯⋯⋯⋯⋯⋯⋯⋯⋯⋯⋯⋯⋯⋯⋯⋯⋯ **白冠鹤望兰**

1. 无明显茎

　4. 叶片中到大型，披针形至卵圆形、阔椭圆形

　　5. 叶片中等，宽 10~20 厘米，萼片橙色，花瓣亮蓝色，无斑点 ⋯⋯⋯⋯⋯⋯⋯⋯⋯ **鹤望兰**

　　5. 叶片较大，宽达 40 厘米，萼片与花瓣淡黄色，具淡紫色斑点 ⋯⋯⋯⋯⋯⋯⋯ **邱园鹤望兰**

　4. 无叶片，叶变态成棒状，或仅叶柄顶端戟形、狭披针形等小型叶片

　　6. 叶柄顶端有戟形、狭披针形等小型叶片 ⋯⋯⋯⋯⋯⋯⋯⋯⋯⋯⋯⋯⋯⋯⋯⋯⋯ **小叶鹤望兰**

　　6. 无叶片，叶变态成棒状，叶柄肉质坚韧似灯芯草 ⋯⋯⋯⋯⋯⋯⋯⋯⋯⋯ **棒叶鹤望兰**

二、种类介绍

1. 具尾鹤望兰　尾状鹤望兰、尖尾鹤望兰、考德塔鹤望兰

Strelitzia caudata R. A. Dyer Fl. Pl. Afr. xxv. t. 997. 1946

为热带多年生常绿草本植物。植株健壮，成年高达 2~5 (~8) 米，树状。叶片大，革质，香蕉叶状，排成相对 2 列的扇形，叶片在中脉两侧撕裂状排列。花期秋冬季，花序大，腋生，船型佛焰苞粉红、紫黑色；萼片白色，有时基部浅紫色，下萼片成尾突状，长 1.5~2.5 厘米；花瓣浅青色至浅紫色，箭头状。花期秋冬季。见图 1–16~1–20。

图 1-16　具尾鹤望兰自然生境

图 1-17　具尾鹤望兰自然居群

自然分布于北起南非德兰士瓦省东北部，南至非洲东南部斯威士兰的德拉肯斯山脉。多生长于高山岩石较多的坡面。

具尾鹤望兰与白冠鹤望兰的区别在于萼片白色，有时基部浅紫色，下萼片有细长的尾巴突起，花冠浅青色到浅紫色，箭头状。而后者白冠鹤望兰萼片白色，下萼片没有突起，花冠白色，小圆形状。

具尾鹤望兰与尼古拉鹤望兰的区别在于下萼片有细长的尾巴突起，后者尼古拉鹤望兰下萼片没有尾巴突起。

图 1-18 具尾鹤望兰植株形态

图 1-19 具尾鹤望兰树冠特写

2. 尼古拉鹤望兰 尼可拉鹤望兰、尼克拉鹤望兰、大鹤望兰、白花天堂鸟、野芭蕉、白鸟蕉

Strelitzia nicolai Regel & C. Koch. Index Seminum (ST. Petersburg) 1858: 33 (–35) 1859 (Jan 1859)

多年生草本植物，木质，直立状或丛生，茎可达 10 米。成熟植株的掌状叶与香蕉叶类似，叶大型，叶片长 1 米，革质，亮绿色，基部心形，叶柄长 1.5~3 米。（3~）5~7（~10）月开花，2~5 个佛焰苞构成蝎尾状花序；花萼、花瓣各 3 枚，佛焰苞船形，蜡质、坚挺，长可达 30~40 厘米，绿色、暗红紫色至晕红色；花萼片白色，有时基部浅紫色，花瓣浅蓝色至蓝紫色。蒴果 3 棱。见图 1–21~1–27。

图 1-20 具尾鹤望兰下萼片有尾状突起

原产于非洲南部南非纳塔尔和东开普省东部海岸地带、津巴布韦、莫桑比克等地区，为大型的观赏植物，我国广东、香港、台湾、云南等地有引种栽培，其他地区大多温室栽培。

尼古拉鹤望兰与白冠鹤望兰区别在于其花瓣淡青色至浅紫色，后者白冠鹤望兰花瓣白色。

尼古拉鹤望兰与具尾鹤望兰的区别在于其下萼片无突起，后者具尾鹤望兰有下萼片细长尾状突起。

尼古拉鹤望兰与鹤望兰的区别在于其为小乔木状，有主干，叶片巨大，可达 3 米，佛焰苞大，可达 30 厘米，苞暗紫色，后者鹤望兰没有主干。

图 1–21　尼古拉鹤望兰的原产地生境

图 1-22　尼古拉鹤望兰苗圃植株

图 1-23　尼古拉鹤望兰成年植株

图1-24　丛植的尼古拉鹤望兰

图1-25　尼古拉鹤望兰花序示绿色佛焰苞

图1–26　尼古拉鹤望兰花序示紫色佛焰苞

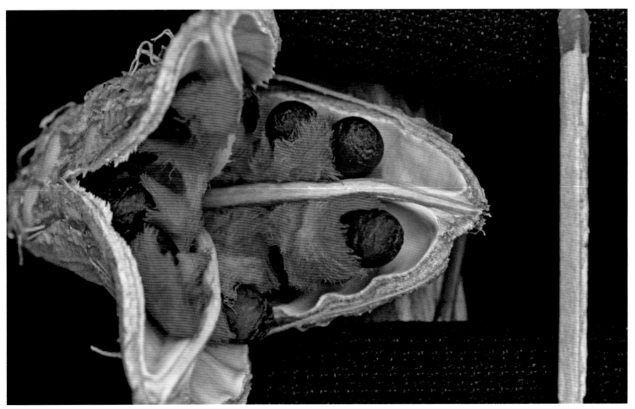

图1–27　尼古拉鹤望兰蒴果与种子

3. 白冠鹤望兰 白花鹤望兰、扇芭蕉、大鹤望兰、大花鹤望兰

Strelitzia alba Skeels Us. Dept. Agric. Bur. Pl. Ind. Bull. 248 57. 1912

---- *Strelitzia angusta* Thunb. Nov. Gen. 113. 1792

鹤望兰属植物中株型最大的种类。为多年生常绿草本植物，植株高大，6~10米，茎木质，似棕榈树，直径可达15~20厘米。叶片长圆形，长1~1.2米、宽0.6米，叶柄1~2米，基部心形，常苍白色；叶二列生于茎顶，革质，形似芭蕉叶。花序腋生，佛焰苞淡紫色至红紫色，长30~40厘米，萼片与花瓣均为白色。种子有一簇由黄变红的毛。原产地花期主要集中在7~12月。见图1-28~1-33。

原产于非洲南非纳塔尔省。

大鹤望兰（*Strelitzia angusta* Thunb.）归入本种，作为异名处理。

白冠鹤望兰与尼古拉鹤望兰的区别在于其叶芽稍少，花萼白色，花冠白色，小圆形状，而后者尼古拉鹤望兰叶芽较多，花萼白色，有时基部浅紫色，花冠淡青绿色到浅紫色，罕白色，箭头状。

图1-28 山坡分布的白冠鹤望兰种群

图 1-29　自然谷地分布的白冠鹤望兰种群　　　　　图 1-30　白冠鹤望兰植株

图 1-31~1-33　白冠鹤望兰的萼片与花瓣均为白色

以上三个有茎类鹤望兰均喜温暖湿润环境，不耐寒。要求肥沃、疏松、排水良好的土壤，耐干旱，不耐湿涝。生长适温23~32℃，越冬一般需10℃以上。植株在保护地中栽培时，能够在降霜的气候下生长，只能耐短期0℃以上低温。目前国内只有尼古拉鹤望兰栽培比较广泛。

4. 鹤望兰　好望兰、天堂鸟、天堂鸟花、极乐鸟、极乐鸟花

Strelitzia reginae Banks Ait. Hort. Kew. ed.I. i. 285. t. 2 cf. Thunb. Nov. Gen. 113. 1789

为多年生草本植物，具有粗壮的肉质根。植株丛生，主干不明显，高可达1.5米左右。单叶互生，二列排列，长椭圆形，灰绿色似芭蕉叶，长15~50厘米，宽10~20厘米，先端急尖，中脉凹陷，紫色或绿色；叶柄鞘状，长约50~100厘米。开花季节主要在春秋两季，花序顶生或腋生，花梗长40~90厘米；花大，两性，5~9朵着生于船形佛焰苞内，苞片长12~20厘米，绿色，边缘绿色、带紫红色至紫色，一般为1个佛焰苞，有时2个佛焰苞而形成"双鸟"。花萼3枚，橙黄色至橙红色，部分品种金黄色；花瓣3枚，亮蓝色；雄蕊5枚，与花瓣差不多长，花柱与花瓣等长，子房上位，3室，胚珠多数。种子棕褐色，带橙色种絮。见图1-34~1-38。

原产于南非东开普省的东部和南部及纳塔尔省，大部分地区为海拔900~1500米的高原和沿海平原。

与尼古拉鹤望兰的区别在于为没有明显主干，叶片中等，长10~50厘米，佛焰苞小，可达12~20厘米，苞绿色，或带紫色。

图1-34　鹤望兰种植园

图 1-35　鹤望兰栽培植株

图 1-36　鹤望兰花朵（1 个佛焰苞）

117

图 1-37　鹤望兰花朵（2 个佛焰苞的"双鸟"）

图 1-38　鹤望兰种子

5. 邱园鹤望兰（肯文斯鹤望兰）

Strelitzia × kewensis S.A.Skan. Bull. Misc. Inform. Kew 65. 1910.

为英国皇家植物园邱园园艺家在 1899 年用白冠鹤望兰与鹤望兰杂交而来的种类。株高 1.5 米；叶大柄长，似白冠鹤望兰，但叶片长 60 厘米，宽 40 厘米，直立；花大，花萼和花瓣均为淡黄色，更像鹤望兰；萼片基部具淡紫红色斑点，类似白冠鹤望兰；花期春夏季。观赏价值较高，适合庭院观赏或室内栽培。见图 1-39。

图 1-39　邱园鹤望兰（图片引自赵印泉、刘青林编著的《鹤望兰》）

6. 棒叶鹤望兰（无叶鹤望兰，灯芯草鹤望兰）

Strelitzia juncea Andrews, Bot. Repos. 6: sub t. 432 ,1805.

密集丛生，无地上茎，株高 1~1.5 米；叶变态成棒状，非常小，叶柄肉质坚韧似灯芯草；花期秋季，佛焰苞船型，通常 1 个，有时 2 个而成"双鸟"；苞片绿色，边缘具红色至紫红色；萼片橙色至深橙色，有时金黄色，侧生 2 枚蓝色花瓣合成箭头状。见图 1-40~1-47。

原产南非东开普省的干旱地区。与鹤望兰的区别在于叶片成棒状。

图 1-40　棒叶鹤望兰自然种群

图 1-41　干旱的生境下的棒叶鹤望兰

119

图 1-42~1-43　棒叶鹤望兰专类园种植

图 1-44　棒叶鹤望兰盆栽

图 1-45 棒叶鹤望兰开花植株

图 1-46 棒叶鹤望兰花朵，1个佛焰苞

图 1-47　棒叶鹤望兰 2 个佛焰苞（"双鸟"）

7. 小叶鹤望兰（小叶天堂鸟）

Strelitzia × parvifolia Dryand
. Ait. Hort. Kew. Ed. II. ii. 55. 1821

　　株高约 60~100 厘米，无茎干，植株外形似鹤望兰。叶片小，棒状，生于高得像茎的叶柄上，戟形、狭披针形。花的特征与鹤望兰接近。见图 1-48~1-55。

　　为鹤望兰与棒叶鹤望兰的自然杂交种，性状处于两者之间，如图 1-48~1-55。伊丽莎白港大学范得·文特尔（Van de Venter）教授曾将之归入鹤望兰，作为 *Strelitzia reginae* 的异名处理。

图 1-48~1-49　小叶鹤望兰盆栽

图 1-50 小叶鹤望兰地栽

图 1-51 小叶鹤望兰的花朵

123

图 1–52~1–53　小叶鹤望兰盆苗

图 1–54~1–55　小叶鹤望兰的叶片与花朵

第五节 鹤望兰园艺育种进展与展望

一、鹤望兰园艺育种概况

鹤望兰的栽培早期主要从野外采种，通过种子繁殖，苗木分化较大。之后不断通过人工授粉产生的种子继续繁殖，始花期较长，需4~5年，人工育种比较困难。20世纪70年代之后，南非、日本、英国等国家及国内一些从事园艺育种的研究机构、企业和社会团体都开展了鹤望兰新品种的选育。总体来说，鹤望兰的育种工作还是相当滞后的，新品种数量不多，杂交种子价格十分昂贵。无论是花型、花色，还是品种都更新十分缓慢。到目前为止，国际上还没有很有影响力的鹤望兰专业育种公司或研究机构。

国内厦门植物园20世纪90年代之后，率先开展了鹤望兰人工授粉，提高种子质量与产量等方面的研究。国内鹤望兰属也仅有鹤望兰与尼古拉鹤望兰2个原生种，其他种类尚未引入。鹤望兰也没有园艺品种之分，目前生产上应用的基本上是开橙色花的实生苗。

二、国外鹤望兰的园艺品种介绍

在鹤望兰种内经选育，已经有十几个新品种了。

1. '金色曼德拉'（*S. reginae* 'Mandela's Gold'）

又称金色天堂鸟，与鹤望兰原品种的区别在于其萼片金黄色。南非 Kirstenbosch 国立植物园前园长约翰·文特（John Winter）先生，在20世纪70年代起从世界各地收集了7个黄花类型的鹤望兰品种，进行人工授粉与筛选。于1994年育成了第一个黄色鹤望兰品种，并以纪念所在植物园的形式，命名为 'Kirstenbosch Gold'。1996年为纪念南非著名黑人领袖、前总统纳尔逊·罗利赫拉·曼德拉（Nelson Rolihlahla Mandela）而改名为'金色曼德拉'（Mandela's Gold）。见图1-56~1-67。

该品种在南非东开普省 Kirstenbosch 国立植物园有栽种，Karoo 国立沙漠植物园以及法国、美国加洲、澳大利亚、日本等也有栽培。

图1-56 '金色曼德拉'栽培植株

图 1-57 '金色曼德拉'花朵

图 1-58 '金色曼德拉'盛开的花朵

126

图 1-59 '金色曼德拉'金黄色萼片与普通品种橙色萼片对比

图 1-60 '金色曼德拉'2 个佛焰苞的"双鸟"

图 1-61 '金色曼德拉'授粉

图 1-62 '金色曼德拉'蒴果

图 1-63 '金色曼德拉' 种子

图 1-64~1-67 '金色曼德拉' 苗木培育

129

2. '金冠' (**S. reginae** 'Gold Crest')

株形直立，分蘖中等，株高中等。叶浓绿色，肉质厚叶，偏圆披针形，嫩叶中脉红色，叶背银色，有白粉；萼片纯黄色，花瓣浓青紫色；佛焰苞紫色，颈部红色；花梗粗度、中等长度，很坚挺。花芽特性很好，为高产品种。见图1-68。

此品种的特点是萼片纯黄色，花瓣浓青紫色，冷艳，气质高雅大方。与'非洲金'相比，其叶色较浓，叶片较宽且厚，佛焰苞呈紫色，花梗粗度、长度中等。1980年由日本铃木 勇太郎先生培育并命名。

图1-68 '金冠'

3. '非洲金' (*S. reginae* 'African Gold')

分蘖中等，株高中等。叶绿色，披针形，先端尖，嫩叶中脉红色，叶背银色，有白粉；萼片纯黄色，花瓣浓青紫色，较宽；佛焰苞绿色，尖部、上部边缘与颈部红色，花梗细长，属于大花型。花芽特性很好，为高产品种。见图1-69。

此品种的特点是萼片纯黄色，柔和美丽，佛焰苞绿色，颈部红色，显得高贵典雅。与'金冠'相比，其叶色较淡，叶片稍狭，叶质略薄，佛焰苞绿色，花梗细长，大花型。1980年由日本铃木 勇太郎先生培育并命名。

图1-69 '非洲金'

4. ‘橙色王子’ (***S. reginae*** ‘Orange Prince’)

株形直立，分蘖中等，株高中等。叶浓绿色，肉质，披针形状圆形，叶背有白粉；萼片橙色，佛焰苞紫红色，颈部鲜红色；花梗伸展，硬而坚挺。花芽特性非常好，为超高产品种。见图 1–70~1–71。

此品种的特点是佛焰苞紫红色，1981 年由日本铃木 勇太郎先生培育并命名，其母本是花芽特性特别优秀的铃木系，父本是黄色品种‘金冠’。

图 1–70~1–71 ‘橙色王子’

5. '橙色公主' (*S. reginae* 'Orange Princess')

株形直立，分蘖中等，株高中等。叶亮绿色，披针形状，先端尖；萼片橙色；佛焰苞稍长，宽大，亮绿色，颈部鲜红色，十分艳丽；花梗略细，较长。花芽特性非常优秀，为超高产品种。见图1–72。

此品种的特点是颈部鲜红色，色彩明亮，十分艳丽。1981年由日本铃木 勇太郎先生培育并命名，其母本是花芽特性特别优秀的铃木系，父本是黄色品种'非洲金'。

鹤望兰还有其他新品种如'罗格'（*S. reginae* 'Logo'）、'莫波特'（*S. reginae* 'Mobot'）以及天津市园林绿化研究所于1986年从南非国家植物园引进的'希望''大使''三角洲'等6个优良鹤望兰品种。

图1–72 '橙色公主'

三、鹤望兰园艺育种展望

鹤望兰主要用于园林配植、盆栽摆放与鲜切花3个领域。园艺育种的目标主要体现在观赏性与丰花性。鹤望兰与观赏性相关的性状有株形、姿态、株高、叶片、花梗、花色、佛焰苞颜色等特征；丰花性是其花芽的特性，主要体现在能否有一叶开一花的能力。

1. 株形

有茎类鹤望兰的3个种都是乔木型，高大，3~10米，而无茎类鹤望兰的2个种株型小形，高约1米左右。两类鹤望兰种间杂交可以产生中间类型，以满足园林绿化的不同需求。比如白冠鹤望兰与鹤望兰的杂交品种，高1.5米，其株高与叶片的体量明显比鹤望兰要大，作为庭院观赏或室内栽培，观赏价值明显提高。

鹤望兰种内分化也很大，株形有直立型、斜生型。直立型比较紧凑，有利于接受太阳光，鲜切花品种多从此类型中筛选。

鹤望兰种内的株高差异也很大，如矮鹤望兰（*S. reginae* var. *humilis* Baker）虽然在种的等级被归入鹤望兰，作为其异名处理，但反映出有矮生鹤望兰

类型，从中可以筛出新的园艺品种。笔者从鹤望兰苗圃发现这一类型，其形态特点是矮生，株高30~40厘米，分蘖特别多，叶形为披针形或狭披针形，株形紧凑，特别适合作盆栽品种。见图1-73~1-74。

图1-73　"狭披针叶矮生型"鹤望兰

图1-74　"披针叶矮生型"鹤望兰

2. 叶片

鹤望兰叶片卵圆形至阔椭圆形，肥厚的类型，花芽特性比较好，高产，鲜切花品种应从该类型中筛选，见图 1–75。从观叶的角度，鹤望兰新叶紫红色的中脉具有很高的观赏价值，见图 1–76。而鹤望兰叶片出现金黄色斑块，则是非常难得的观叶类型，见图 1–77~1–80。观叶类型目前少有关注，只要用心去筛选，完全有希望选育出一批新优品种。

图 1–75　前中植株为"阔叶高产型"鹤望兰

图 1–76　"紫脉观叶型"鹤望兰

135

图 1-77~1-80 "金叶型"鹤望兰

3. 花

鹤望兰花枝的长度与粗度差异较大，有长有短，有粗有细。从花枝与植冠的比例来看，有高杆型与矮杆型两类。高杆型花枝明显高于植冠，矮杆型花枝与植冠高度接近，见图1-81~1-82。用于鲜切花的品种，可选择花枝长度1米左右，花枝粗度中等的为宜，可从花枝粗度中等高杆型中筛选；用于盆栽的品种，花枝高杆型花形突出，花枝矮杆型花冠整齐，各有特点。

图1-81 "矮杆型"鹤望兰

图1-82 "高杆型"鹤望兰

鹤望兰佛焰苞的颜色变化较大，花梗与佛焰苞交接处好似颈部，呈现绿色、淡紫色至深紫红色、鲜红色，其中深紫红色、鲜红色的类型称之为"红颈型"，见图1-83、1-86。无论作为切花品种，还是盆花品种，均具有很高的观赏价值。

佛焰苞绿色，尖部、上部边缘与颈部红色，直至整个佛焰苞紫红色、红色，前者可归入"绿苞型"，见图1-84；后者可选育"红苞型"，见图1-85。有的既是红苞，又是红颈，可选育"红苞红颈型"株系，见图1-87~1-88。

佛焰苞绿色，尖部、上部边缘与颈部红色，直至整个佛焰苞紫红色、红色，前者可归入'绿苞型'，后者可选育"红苞型"。有的既是红苞，又是红颈，可选育"红苞红颈型"株系。

图 1-83　"高杆红颈型"鹤望兰

图 1-84　"绿苞型"鹤望兰

图 1-85　"红苞型"鹤望兰

图 1-86 "红颈型"鹤望兰

图 1-87 "红颈红苞型"鹤望兰

图 1-88 "红颈红苞型"'金色曼德拉'

图 1-89　"橙色双鸟型"鹤望兰

有茎类鹤望兰有多个佛焰苞，但无茎类鹤望兰通常只有 1 个佛焰苞，偶尔可见 2 个。从观赏角度看，多个佛焰苞呈蝎尾状，有些杂乱，观赏性不如 1 个或 2 个佛焰苞的花朵，1~2 个佛焰苞更形似仙鹤。2 个佛焰苞更有比翼双飞的感觉，这个性状姑且称之为"双鸟"，也有学者称之为"双头"。如果能从中选育出性状稳定的"双鸟型"鹤望兰与棒叶鹤望兰，对盆栽品种特别有价值，见图 1-89~1-91。

图 1-90　"金色双鸟型"鹤望兰

图 1-91 "橙色双鸟型"棒叶鹤望兰

鹤望兰花色变化不大，萼片通常是橙色，自然界偶而有突变色，主要是柠檬黄、金黄色，如'金色曼德拉''非洲金''金冠'等品种；网上有萼片橙红色的鹤望兰图片，见图1-92。红色类型极为稀罕，研究者应在生产圃地加以留心，不可错过采种与分株的机会。

棒叶鹤望兰的萼片颜色变化与鹤望兰相近，大多为橙色，也有金黄色类型，可以从中选育出新品种，见图1-93~1-95。

鹤望兰花瓣青紫色至蓝色，以亮蓝色与橙色萼片相对比的花最为醒目。白冠鹤望兰花瓣为白色，与白色萼片颜色一致，有洁白如霞的纯色美。有茎类鹤望兰萼片多为白色，或基部带紫斑，鹤望兰与其杂交有望改变萼片颜色，也许能产生白色，乃至粉色、粉紫色，甚至更多的新型花色。

目前，世界上生产鹤望兰的种子公司主要有美国的鲍尔种子公司（Ball Seed Company）、泛美种子公司（Pan American Seed Company）、戈特史密斯公司（Goldsmith Seeds Inc.）、荷兰的诺瓦蒂斯种子公司（Novaris Seed B.V.）、萨欣扎登公司（K. Sahin Zaden B.V.）、以色列的瓦迪园艺公司（Vardihorticulture Suppy）、日本的横滨种子株式会社（Sakata Seed Corporation）等。在中国代理销售鹤望兰种子的公司主要是缤纷园艺等。

图1-92　鹤望兰红色类型

图1-93　棒叶鹤望兰橙色类型

图1-94　棒叶鹤望兰金色类型

图 1-95　棒叶鹤望兰金色类型盆栽

第六节   鹤望兰的形态特征

由于鹤望兰是本属中世界各地栽培最广泛的种类，下面主要以鹤望兰为例进行介绍。

鹤望兰是多年生草本植物，根据植株生长姿态，可以分为直立型、斜生型、弯生型和矮生型。一般生长 10 年后的地栽直立型植株的冠幅可达 106.0 厘米 × 87.5 厘米，斜生型植株的冠幅可达 84.3 厘米 × 78.5 厘米，弯生型植株的冠幅可达 62.8 厘米 × 46.0 厘米，矮生型植株的冠幅可达 87.4 厘米 × 65.2 厘米。盆栽植株则要小得多，一般仅为地栽植株冠幅的 50% 左右。

一、根

鹤望兰的根为典型的肉质根，丛生且粗壮，聚生于短茎下部，长度不一，极脆易折，较少分支。若生长期间管理不良，则生出较少的不定根；而在适当的栽培环境条件下，生长的植株会生出许多的不定根。一般而言，当年生的根为乳白色，老根为乳黄色或褐色。1 年生植株的主根约 2~3 条，直径约 0.6 厘米，根长 8 厘米。五年生实生苗主根可达 10 多条，直径约 2 厘米，长约 30 厘米，最长可达 60 厘米；须根约 30 条，根幅 60~80 厘米。

二、茎

鹤望兰的茎为不明显的短茎，外被叶鞘包裹，实生苗 3 年开始分蘖，分蘖时间在 4~10 月，6 年生植株分蘖数为 2~3 个，12 年植株分蘖数为 6~7 个；盆栽时，植株一般在第 4 年开始分蘖，第 6 年植株分蘖数为 1~2 个，之后逐年增加。

三、叶

鹤望兰的叶为革质，单叶对生，两侧排列在短茎上成 2 行，一般呈椭圆形或椭圆状披针形，叶片大，叶柄较长，有凹槽。新生叶在长出前卷曲，主脉呈绿色或红色，叶背和叶柄上被白粉；新叶从萌发到成熟叶片需要 40~60 天。一般情况下，管理水平较高时，1 枚生长良好的成熟叶片，可在翌年形成 1 朵花。

1 年生植株有 3~4 枚叶片，叶长约 15 厘米；2 年生苗有 5~8 枚叶片，叶长约 40 厘米，之后老叶枯死，新叶长出；3 年生苗可达 7~10 枚叶片，叶长 60~70 厘米；4 年生苗有 12~14 枚叶片，叶长约 80~90 厘米，叶片长 30 厘米，宽 12 厘米，株高 90 厘米；5 年生植株高可达 110 厘米，有 14~17 枚叶片，之后随着植株生长叶片数量增多，叶片变大。鹤望兰全年都有新叶生长，但以 4~7 月最为旺盛。

四、花

鹤望兰植株一般需生长 3~5 年，具备 9~10 枚以上的叶片才能开花。总花梗（花葶）自短茎叶腋内抽出，长度与叶柄相等或略短。花 5~9 朵排列成蝎尾状花序，亦有达 10 朵以上的单花枝；花序外有佛焰状总苞片，长 15~20 厘米，绿色，边缘紫红色至整个苞片紫红色；花大，两性，两侧对称，萼片 3 枚，披针形，橙黄色，花瓣 3 枚，侧生 2 枚靠合成舌状，中央 1 枚小，舟状，基部为耳状裂片，与萼片近等长，暗蓝色，雄蕊 5 枚，与花瓣等长，花粉乳白色，可粘着成团；雄蕊与雌蕊花柱由 2 枚侧生舌状花瓣包被，柱头伸出花舌外，花开放初期含有黏液，子房下位，3 室，每室有胚珠 2 行。

鹤望兰花期从当年 8 月至翌年 5 月，其中 8~10 月是盛花期。如若在温室加温，并保持至 15℃，则可全年开花（图 1–96）。

五、果

鹤望兰的果为蒴果，成熟的果实干燥后开裂，种子为亮黑褐色，椭球形，种子腹部的种脐有一束橙色羽毛状附属物。在原产地主要通过太阳鸟传粉，在我国的自然条件下缺乏传粉媒介结实率很低，一般需通过人工授粉。盆栽植株授粉后约 100 天左右种子成熟，长江流域一般 8 月下旬授粉，12 月底种子成熟。

图 1–96　鹤望兰花朵

第七节　鹤望兰的生物学特性

鹤望兰原产于非洲南部，喜温暖湿润、阳光充足的气候，适宜生长的温度为25℃左右，耐干旱、较耐寒、不耐水湿，要求土壤疏松肥沃、排水良好，以土层深厚的砂壤土为宜。

一、生长特性

在鹤望兰植株群体中，1~3年生植株的株高呈正态分布，而单株的生长，在前3年主要是株高生长，第3年开始花芽分化，以后每年均有花芽分化，植株的高生长趋缓。根据观测，1年生植株平均株高31.7±9.9厘米，2年生为48.1±15.8厘米，3年生为68.0±14.4厘米。

鹤望兰的优良单株营养生长快，表现出株高生长快、叶宽大、叶形常为卵圆形、叶片的开展角较小等显性特征。这些营养生长良好的优株，往往生殖生长也较快。在3年生时，就有开花现象，而一般的鹤望兰植株在4~5年后才进入始花期。如若以株高为因子确定优株的入选率，则1年生的入选率为1.4%，2年生的入选率为1.9%，3年生的入选率为2.1%。

二、开花结实规律

鹤望兰为原产亚热带地区的多年生草本花卉，引种到南亚热带地区栽培，一般实生苗的始花期为4年生，少数植株为3年生，始花期第1年花枝少；对已开花的成年植株进行分株无性繁殖，当年不开花，第2年才始花，但如若植株在温室栽培，因生长条件良好、分株对植株的伤害小，春季分株的植株可在冬季开花。一般鹤望兰是1枚叶长1个花芽，因此，叶片生长发育是否良好是开花的关键。冬季3个月长1片叶，夏季1个月长1片叶，一年共长6~7片叶，6~7个花芽，但花芽并不全能开花；1丛7~8年的鹤望兰，开花数量1年可达到20枝以上。

每枝花葶顶生1花序，偶有2~4花序，每1花序中有4~12朵花，同一花序中的花朵重叠依次开放，每朵花完全开放需2~4天，持续开放11~15天。故每一花枝花期可达30~40天，观赏期达40~50天（花冠枯萎、萼片存在仍具有观赏价值）。长势强盛的植株，一次可有多个花葶、数十朵花同时开放。

例如，在武汉地区，露地栽培的鹤望兰5年生实生苗开始开花，同一花序中的花朵重叠依次开放，每朵小花开花需要3天左右，可持续10~15天，每枝花的总观赏时间约30~40天。

生长良好的较大植株，1次能有多个花葶、数朵花同时开放。武汉地区在保护地全年开花，盛花期8~12月占到全年的97.4%。在华东地区，成年植株1年内的开花状况如下：12月至次年3月由于温度较低，产花量仅占全年的19.1%；4月随温度提升，花量逐渐上升，5~6月是全年的一个小高峰，占17.6%；7月份由于日平均温度常超过30℃，产花数量有所减少，8~9月是全年产花的高峰期，占去全年的36.2%。鹤望兰在厦门露地栽培，水肥管理好，全年都能开花，以夏、秋季开花最多，即5~10月为盛花期，12月至翌年2月产花量最少。总体来说，一年中鹤望兰夏秋开花最多，冬季开花较少。

鹤望兰为两性花，花蕊异长，雄蕊、花柱与花瓣等长，两枚侧生花瓣联合包裹雄蕊和花柱，仅柱头伸出。这种雄蕊被包裹的花构造，是鹤望兰防止自花授粉的进化特征。同时，鹤望兰花蕊发育时期不同，也是避免自花授粉、利于异花授粉的进化特征。鹤望兰雌蕊的发育略先于雄蕊，在花药开裂前1~2天，雌蕊已发育成熟，柱头具备授粉条件，不利于自然结实。

每个花序结实4~6枚，最多达8枚，每枚果实具种子数个到数十个不等，多数为11~30粒。

在原产地南非，鹤望兰是一种典型的鸟媒花，通过当地一种体重仅2克的太阳鸟进行授粉。鹤望兰花朵上2枚花萼合在一起，在花的基部有蜜腺，形成剑形的蜜源。当太阳鸟停在花瓣上吸取蜜露时，花瓣张开，花粉粘在鸟的腿上，当太阳鸟到另一朵花上吸取蜜露时，将花粉带到另一朵花的花柱上，从而完成授粉。

在我国，自然结实率很低。据调查，露天生长的鹤望兰自然授粉率约为3%；在室内，则需进行人工授粉方能得到种子。由于一个佛焰苞中含有数朵花，一般选择先开的3~4朵进行人工授粉，越往后开的花营养供应越不够，结实能力减弱，最后开的花应该及时去掉以免消耗营养。

尽管养护良好的鹤望兰能够全年开花，也可以在开花的任何时间进行人工授粉，但是在我国，不同月份进行人工授粉的结实效果不同，与鹤望兰的年生长周期也有一定的关系，其生长越旺盛的时期，人工授粉的结实效果也越好。一年中授粉时间以4~6月、9~11月最好，而11月至翌年3月及7~9月最差。

在授粉结实率方面，自花授粉结实率仅为40%左右，而异花授粉结实率可达90%以上。自花授粉结实的果实中仅含种子10粒左右，而异花授粉结实的果实中种子可达20多粒。这是由于鹤望兰雌雄成熟时间不同，雌蕊往往比雄蕊更早成熟，同株授粉影响效果。

授粉后子房迅速膨大，若受精良好，每朵花可形成一枚果实，每枝花序均可产生多枚果实。据调查统计，每枝花序一般为4~6枚果实，最多可达8枚，每一枚果实具种子数个到数十个不等。

果实成熟依季节不同而有差异，4~10月份授粉的果实成熟期为80~100天，11月至翌年3月份授粉则果实需100~140天成熟。由于鹤望兰全年都能开花，若进行人工授粉，时间不一，果实成熟期也不一致，所以必须注意及时采收。采收的最好时间是果实先端裂开时。

三、种子发芽特性

发育良好、成熟的种子大小如豌豆，种皮坚硬，亮黑褐色，饱满，无凹无瘪，脐毛金黄色。

鹤望兰种子属干性种子，其安全含水量小于14%。随着贮藏时间增长，种子相对含水量和生活力呈下降趋势。如贮藏4年的种子和新鲜种子相比，相对含水量下降40.4%，生活力下降13.2%。新鲜种子播种后30~60天发芽，随着贮藏时间的延长，种子发芽的天数增加，发芽率和发芽势降低，发芽高峰天数推迟。采用低温（0~5℃）密封干藏可长期贮藏种子，保持活力；若用普通干藏，贮藏时间不宜超过6个月。

第二章 鹤望兰的繁殖

第一节 种子繁殖

一、人工授粉

鹤望兰在原产地通过太阳鸟传播花粉而结实，而我国引进的鹤望兰通过人工授粉才能结实。在授粉过程中，须做好以下事项。

1. 授粉前期准备

要选择没有病虫害、株形直立、叶柄粗壮、叶尖圆钝、叶片宽阔、实生苗进入花期早（3年）并能达到1叶1花，以使单株花枝产量高、花莛直立、佛焰苞内小花数量多等，有利于做鲜切花的多种优良性状的植株，做留种株。在植株生长期每隔10~15天施一次腐熟的稀薄液肥，花茎形成时增施1%的磷肥，并严格控制每株花朵的数量，以确保养分集中。在花芽分化期要保证充足的水分供给，以促进花芽分化，提高成花率。

2. 授粉时机

花朵刚开放时，柱头分泌出大量的黏性物质，此时是授粉最好的时机。如果此时不进行授粉，柱头的分泌物减少，柱头变干，再授粉效果不好。把握好授粉时机是提高结实率的关键。

3. 花粉的收集

鹤望兰的雄蕊长在2枚合生花瓣的里面，花粉采集很不容易，建议采集方法：将合生的花瓣掰除，这样雄蕊露出，用干净、干燥的毛笔轻轻刷成熟的花药，用一个培养皿或小罐子接住，使花粉一部分粘到毛笔上，一部分掉在下面的器皿里；或者用拇指和食指轻轻地将合生花瓣的两翼压下，使其纵向分开露出花粉，用毛笔轻刷花药，收集放到器皿里，见图2-1~2-2。然后将收集好的花粉放到冰箱里，4~10℃密封干燥储存。

4. 去雄

若是为了培养新品种而进行杂交授粉，最好将雄蕊去掉。方法是用锋利小刀、刀片或手术刀将部分花瓣去掉，然后用镊子除去花药。如若仅为了获得种子，就不需要去雄。

5. 授粉

将收集好的花粉用毛笔轻轻的涂抹到已经成熟的母本柱头上，整个柱头都须均匀涂抹，或者直接采下成熟的雄蕊，用手或镊子拿着花丝给母本的柱头授粉。用毛笔授粉时，要注意每次蘸取少量花粉涂抹柱头。如果花粉过多，可能阻塞柱头上的毛孔，影响花粉管的伸长，从而影响受精。第一次授粉是成败的关键，如果柱头涂抹均匀，基本上可保证胚珠受精。为确保授粉成功，在授粉后的两天之内，再补充授粉1次，室内授粉可在任何时候进行。随着第1朵花授粉后，佛焰苞中的花依次开放，授粉依次进行。在室内，授粉后不需套袋工作，但在户外要用硫酸纸制作套

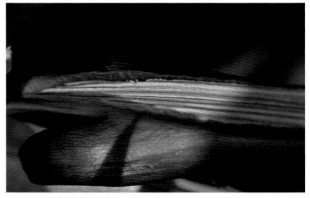

图 2-1 花瓣中间为雄蕊及花粉

图 2-2 取花粉

袋，不能用塑料袋。一般情况下，授粉5天后这朵花就会逐渐凋萎。

实践表明，鹤望兰最佳授粉时间是花朵刚开放时，这时柱头分泌大量的黏液，有利于花粉的附着和花粉管的萌发。由于花期不一致，果实需要110~130天才能成熟，因此要注意及时采收。采收最好的时间是果实刚开裂时，采迟了会因果皮开裂而造成种子的自然脱落。

二、自花授粉与异花授粉

为了更深入了解鹤望兰人工授粉的效果，厦门植物园王振忠等（2001）进行了自花授粉与异花授粉的对比试验，以及不同时间授粉、不同花朵间授粉的比较研究。结果表明：授粉方式影响鹤望兰有性生殖的胚珠数量以及其种内自交亲和性、种内杂交的结果，对鹤望兰品种选育、品种改良以及生殖隔离等均有重要意义。为了确保授粉的有效性，人工授粉时，选取每一花序的前4朵花，进行自花授粉与异花授粉相关生物学比较的试验，试验比较内容如下。

1. 人工授粉效果的月份差异

在我国厦门，每年4月至7月上旬，9月下旬至11月中旬为鹤望兰人工授粉效果最好的时间；7月中旬至9月中旬，11月下旬至翌年3月授粉效果较差。这说明气温高于35℃或低于16℃的天气均不利于鹤望兰花、果和种子的发育。

从7月下旬到10月上旬，这段时间已形成相当数量的花序，其佛焰苞特别长，先端卷成尾状而将整个花序包裹，使花无法挺起开放而凋谢于佛焰苞内，这时需人为地将佛焰苞撕开，让花朵伸展，露出柱头进行人工授粉（图2-3）。

2. 自花授粉与异花授粉的结果率

异花授粉的结果率明显高于自花授粉，异花授粉的平均结果率高达91.8%，而自花授粉的平均结果率仅为40.8%。

对两种授粉方式的结果率总体平均值分别进行μ检验，表明异花授粉各花朵的结果率与平均结果率91.8%无显著差异，而自花授粉各花朵的结果率与平均结果率40.8%具显著差异。即表明异花授粉与各花朵的结实率一致，无差异；而自花授粉与各花朵之间结果率存在明显差异，如第4花的结果率为0，而第1花的结果率为66%。

3. 授粉方式与果实种子数的关系

自花授粉方式产生的种子数明显少于异花授粉方式产生的种子数。平均种子数最多（28.3粒）的是第2花的异花授粉方式所结的果实；第4花自花授粉全部不育，无种子产生。异花授粉的果实种子数，从第2，3，4，1花依次递减，分别为28.3、25.1、23.3、20.9粒；自花授粉的果实种子数，从第2，3，1花依次递减，分别为12.3、10.7、9.0粒。从果实外形来看，也是第1个果实较小，第2个果实最大。

变动系数最大的是第2花自花授粉方式，标准差为8.9，并且精度最低。说明在第2花进行自花授粉，结实种子数量极不稳定；第4花异花授粉方式，变异系数CV最小，精确度最高，说明种子产量较为稳定。相关方差分析表明：不同花朵之间产生的种子数并无差异，而不同授粉方式产生的种子数存在着差异。即异花授粉产生的种子数与自花授粉产生的种子数存在差异，前者多于后者。

图2-3 鹤望兰人工授粉后接果

自花授粉有利于保持母本形状，而异花授粉可增加形状的变异概率。通过鹤望兰的种内或种间异花授粉的杂交，可以获得新的变异植株，而这些变异植株进行自花授粉方式便可获得较稳定的遗传。

三、种子采集及储藏

授粉后 1 个星期左右花朵就逐渐凋萎，授粉成功的子房开始膨胀。授粉后种子需要 100 天左右才能成熟，授粉良好的一个佛焰苞内可结 6 枚果实，每枚果实有 10~20 粒种子。种子一般在果实刚开裂时采收，采集过迟，果皮容易开裂造成种子的自然脱落；采收过早，种子成熟度不够，影响发芽。采收果实宜放在干燥处自然晾干，1 周后蒴果裂开，种子从果实中迸出。鹤望兰种子含水量较高，储藏时尽量保持在低温干燥的环境。无论哪种储藏方式，储藏时间都不要超过半年，否则对发芽率影响很大。用于销售的商品种子在采收后通常分为四级，最好和最差的种子一般不用于销售。种子分级后，用密封的袋子包装后在低温下储藏。在生产中，建议对种子采用随采随播的方式。

四、种子的选择

鹤望兰种子如豌豆大小，圆形，黑亮而坚硬，脐小而尖，附橘红色绒毛。播种时应选择黑褐色有光泽、外表光滑、顶部假种皮为橙色、无油脂酸气味、较为饱满、比重较大的种子。

五、播种前种子的处理

成熟后的种子要立即进行播种，这样的种子发芽整齐、发芽快、发芽率高，而经过长时间储存的种子发芽极不整齐，发芽率也不高。因此，最好是种子成熟后就进行播种。由于种子表皮有一层坚硬的蜡质外皮，不仅阻碍了种子吸水，还延长了种子萌发的时间，因此在播种前需要进行人工处理。一般有以下几种方法：

①用 95% 的浓硫酸（1:10 体积比混合）处理 2~5 分钟以除去种子表层蜡质，时间过长易损伤种子，影响胚胎发育和种子萌发；然后在 30~40℃ 的温水中浸泡 1~2 天。经药剂处理的种子发芽率显著提高。

②用干净的纱布或极细的砂纸轻擦种子表面，当种皮颜色变浅即可，但须避免擦去过多，伤及种胚。

然后用 30~40℃ 的温水浸泡 1~2 天后播种。

③用酒精、杀菌剂、高锰酸钾等消毒后，在 30~40℃ 温水中浸种 3~4 天，每天换水 1 次，利于发芽。国外有报道用浓度为 2×10^{-3} 乙烯利，浸泡 48 小时后，洗净播种。

无论采用哪种方法处理，都应严格注意处理时间，处理得当的种子的表皮暗淡无光、无凹凸不平，浸泡后须用清水冲洗干净，以防对种胚萌发产生影响。

六、播种

培养土宜采用透气性好的基质，但水分不宜过多，否则不利于透气和种子发芽。在 18~25℃ 条件下，约经过 1 个多月就能先后出苗。幼苗生长缓慢，当年只能长成具两片小叶的幼苗。秋季分苗移栽，经 3~4 年具有 10 片以上时才能开花。

（一）播种方法

1. 沙床播种

砌沙床，用洗干净的河沙做床，把鹤望兰种子均匀撒在表面，间距 2~3 厘米，再覆盖 1 公分左右的沙，后用塑料薄膜覆盖，以便保温保湿。20 多天后逐渐出苗。鹤望兰小苗喜适当遮阴，因而应搭建遮荫棚为好，见图 2–4~2–6。

2. 作床播种

①做畦：播种土宜选用肥沃疏松的土壤。播种前整地做播种床，若土壤板结则可拌入适量的蛭石。播种床可做成高畦或半畦，视栽培地区环境条件而定。地下水位高的地方或雨水多的地方应做高畦，原则有利于灌溉排水，保证土壤通气良好。一般将苗床作成长 2~3 米，宽 0.8~1.0 米，高 0.2~0.3 米。

②土壤消毒：播种前应进行土壤消毒。常用方法：一是用蒸汽消毒。利用蒸汽锅炉通过管道将蒸汽均匀输入土中，深度 20 厘米，用薄膜覆盖。通气后，土壤温度达到 100℃ 高温，维持 10 分钟就可以完成。蒸汽消毒的优点是消毒时间短，温度下降后即可播种，对附近植株无害，还能促进土壤团粒化与难溶性盐类的溶解。二是用氯化苦消毒。它是一种剧毒熏蒸剂，能杀虫、灭鼠、杀菌。具体操作：在每平方米面积上均匀打 25 个深约 20 厘米的小穴，每穴相距 20 厘米，用玻璃漏斗插入穴内，每穴灌药液 5 毫升，每平方米共用药 125 毫升。施药后，立即覆盖，踏实土穴，并在

图 2-4 沙床育苗

图 2-5 揭开薄膜后的沙床育苗

图 2-6　遮荫棚下的沙床育苗

土表泼水，延缓药液挥发，以提高药效。气温在 20℃ 以上保持 10 天，15℃ 以上保持 15 天。然后，将处理过的土壤多次翻耙，使土壤中残留的氯化苦充分散失，以免影响以后植物根系的发育。实施操作时工人要戴防毒面具和橡皮手套防止中毒。三是用 5% 多菌灵可湿性粉剂与 2~3 厘米厚的表土（每立方米用量 40 克）拌匀。薄膜覆盖 2~3 天，揭去薄膜待药味挥发后使用。

③播种：点播。间距约 3 厘米，每穴 1 粒种子。在种子上覆盖一层火烧土或消过毒的培养土，覆土厚约 1 厘米。播后浇透水，用塑料膜覆盖保温、保湿。温度维持在 26~28℃ 为好。1 个月左右发根出芽。注意观察，见有叶尖露土时，要及时打开塑料膜通风。

3. 营养钵播种育苗

在生产实践中，为提高生产效益，应采用营养钵育苗。播种的基质有两种：一是细颗粒泥炭加粗沙 1:1 作为播种土；二是育苗基质，它的配比是腐殖质土（或颗粒泥炭）1 份（或腐烂木屑 1 份）加 1/3 的粗河沙（径 0.5~1 毫米），每立方米按上述混合基质加 2 千克碎腐熟饼肥（或干燥家禽粪或厩肥）、1.5 千克过磷酸钙（或骨粉）、1 千克硝酸钾、1 千克硝酸铵、0.5 千克硫酸亚铁，充分混合均匀后成为育苗基质。播种前给播种容器装填播种用基质时，下半部装填育苗基质，上部装填播种土，以便种子发根出芽后，立即得到外部的营养补充。将种子播种在方格育苗盘中，每格中放 1 粒种子；种子出苗后，有 2 片叶时，须及时转换入直径 6 厘米的营养钵中。更换容器时，小心损伤植株的根系。

4. 分箱无土播种

将处理过的种子以 3 厘米 × 2 厘米间距平铺在播种箱内的蛭石上，覆盖 1.5~2 厘米厚细粒蛭石，用 1‰新吉尔灭药液喷一次，搬入育苗室内。入室后，前 3 天室温控制在 20℃，之后再将温度控制在 32℃ 内，第 7 天种子开始萌动，种子出苗前每天喷雾一次，量稍大，另在地面洒水增湿，使相对湿度控制在 55%~65%，搁置的种箱要定期上下左右换位，使种子受热均匀。见图 2-7~2-8。

图 2-7　分箱无土播种育苗

图 2-8　大规模分箱无土育苗

家庭繁殖量少，选用一般能透气透水的箱子就可以，培养土要过筛，按草炭土6份、园土2份、河沙2份的比例配制，不要加肥料。培养土一定要消毒，因种皮被磨破，不消毒易感染。播种时先开沟，种子侧倒放，即种子金黄色绒球放倒在侧面，有利于主根生长。

（二）育苗注意事项

鹤望兰陈年种子的种皮干硬，其胚囊失水后很难成活，而新鲜种子的种皮相对较软，因此播种最好用新鲜种子。一般随采随播，如果不便于管理，也可以把先采的种子沙藏保存，达到一定的数量后，再统一播种。

若播种后不出苗，其原因可能是：种子失去了萌芽力，或不成熟，或浸种水温过高，或播种后管理不当造成种子霉烂或干枯等情况。但实际育苗时，鹤望兰出苗很不整齐，有的种子经过半年甚至更长时间才会出苗，所以不要看见不出苗就认为种子出了问题。从国外引进的种子，一般失水比较严重，故在播种前最好用30~40℃水浸泡3~4天，每天换水1次，使种子吸足水分，以利提高萌芽力。播种不宜用黏重土壤，应选用排水良好的疏松土壤，如素砂土或在素砂土中加入1/3的草炭。先将盆土用水浸透后取出，待土面无水时，把种子均匀地点播在盆内，上面覆土以不超过种子体积的2倍为原则。种子发芽前不喜强光，最好放在比较潮湿的半阴处，开始出苗后应逐渐加强光照。发芽温度控制在30℃，每天需喷雾一次，使播种箱内相对湿度保持在60%~70%，一般30天左右即可陆续出苗。为防止水分蒸发和基质表面板结及家鼠偷食种子，可在播种箱上加盖玻璃，但须及时擦去凝结在玻璃上的水滴，以免湿度过大造成烂苗。育苗环境高温高湿，幼苗生长极快，每天喷雾一次营养液，促使花苗生长健壮。在种苗发芽过程中，发现根系出土时，要及时埋入土里，否则，时间过长，嫩根容易枯死。另外，为防止高温高湿下霉菌的繁殖，应在不影响温度的情况下注意育苗室的通风换气。

鹤望兰原产于亚热带地区，喜温，要使出苗快而整齐，控制温度是关键，日平均温度需达到20℃以上，温度达不到20℃时，可采用灯光取暖或用煤炉加热等方法。发芽温度30℃与20℃相比，前者不仅发芽率提高了32个百分点，而且出苗高峰期提早了15~20天。

第二节　分株繁殖

一、建立分株繁殖圃

为了让鹤望兰植株多萌发蘖芽，有利于分株繁殖，应建立分株繁殖圃。选择株形直立、开花早的植株，适当浅栽，让植株的根颈部适当高出土面，加强肥水管理，促进根颈部多分蘖芽（图2-9）。

二、母株的选择

母株应选择分蘖多、叶片整齐、无病虫害的健壮成年植株。用于分株的母株一般生长3年以上，具有4个以上的芽、总叶数不少于16枚。分株后用于盆栽的可选择有较多带根分蘖苗的植株。

三、分株时间

分株宜在温度不高不低的早春或晚秋进行，通常在鹤望兰开花后的一段时间内进行。

四、分株方法

1. 不保留母株分株法

即整株挖起分株。此法适用于地栽苗过密，有间苗需要时。栽培数年后的鹤望兰因植株过密互相影响生长，减少产花量，而且通风不良易发病虫害。此时可将一部分植株间出当母株进行分株繁殖，可以留差挖优或者留优挖差。田间经验表明留差挖优更加

图2-9　分株当年的苗木

图 2-10　分株第二年的苗木

经济合理，差的留后再加强管理即可提高品质。

　　将植株整丛从土中挖起（尽量多带根系），用手细心扒去宿土并剥去老叶，待能明显分清根系及芽与芽间隙后，根据植株大小在保证每小丛分株苗有 2~3 个芽的前提下合理选择切入口，用快刀从根茎的空隙处将母株分成 2~3 丛。尽量减少根系损伤，过长的根系可以适当截短。切口应沾草木灰或杀菌剂消毒，置阴凉处晾放半天，再种植。在分株过程中，应注意新株根系不少于 3 条，总叶数不少于 8~10 枚，一般需要 2~3 个芽。如果根系太少或侧芽太少，可几株合并种植以提高观赏效果。

2. 保留母株分株法

　　地栽苗如生长过旺又无需间苗时，可不挖母株，直接在地里将母株侧面用快刀劈成几丛（方法同不保留母株分株法）。如需盆栽应只从母株剥离少数生长良好的侧株种植。如果叶片较多，可以将下部的叶片去除部分，以减少蒸腾。

　　地栽植株的根系较舒展，而盆栽种植的根系在盆内空隙中穿插生长，盘根错节，难以适当地分切根系，使根系损失较多，分株后的新株很难恢复生长。盆栽植株分根的不利因素多，应注意及时防治病虫害。

五、分株后的管理

　　定植后第 1 周每天浇水 1 次，以后见干就浇，如果出现萎蔫状态，可以向叶片和周围喷水，以增加环境湿度，1 个月后可以施肥。分株的植株应当遮阴，以防止阳光过强灼伤叶片和失水过多，恢复生长后去除。秋季分株则要注意保温，最好在养护期间套塑料袋，栽后放半阴处养护。见图 2-9~2-10。

第三节　组织培养

一、组织培养的意义

组织培养技术是指在无菌的条件下将植物的离体器官、组织、细胞等放在试管、培养瓶中，利用合适的培养基和培养条件，经过细胞分裂增殖和继代培养，达到快速繁殖的目的。快速繁殖通常用于新品种、新引进、新发现的优良品种，或者常规的繁殖系数过低的品种等情形。由于鹤望兰种子育苗和分株繁殖效率低，利用分株繁殖成年植株每株每年仅能平均分出 0.5~1.5 个小株，而种子繁殖的缺点是种子不易获取、种子寿命不长、发芽率不高、幼龄期太长、易产生遗传变异，不能适应大批量生产的需要。因而，通过组织培养技术，达到快速、大量繁殖的目的，也是当前解决鹤望兰优良品种繁殖问题的有效方法。在欧美一些国家，自 20 世纪 80 年代初就开始了鹤望兰的快速繁殖研究。采用组织培养法繁殖鹤望兰时，解决外植体的氧化问题是关键。以色列 Meira Ziv 和 A. H. Halevy 的研究有效地降低了外植体的氧化褐化，经过 2 个月生长后，可长出 3 厘米高的芽，但每个芽只能增生出 5 个小芽，繁殖率低。之后荷兰的 P. A. van de Pol 和 T. F. van Hel 将鹤望兰单个体剪除上部，抑制鹤望兰的顶端优势以诱导侧枝分化，有效地提高了再生繁殖率，每个芽可分化出 20~30 个小株或芽，从而大大提高了鹤望兰的繁殖率。我国从 20 世纪 90 年代开始从事鹤望兰快速繁殖的研究工作，现已取得较大的进展。

二、组织培养技术

1. 灭菌

将外植体先用自来水冲洗，在 70% 浓度的酒精中浸泡 1 分钟左右，若材料是种子，可以适当地延长时间。然后在 0.1% 浓度的升汞中浸泡 10 分钟左右，最后用无菌水冲洗 2~3 次。

2. 接种

用种子做外植体材料时需先在培养基上将其培养至产生幼苗，然后取幼苗的各个部位接种在培养基上，以产生愈伤组织；如果是其他外植体，则直接将材料接种在适合的培养基上直至愈伤组织产生。

3. 诱导愈伤组织

从接种开始至产生愈伤，此过程大约要 2 个月。形成愈伤组织后，继续培养 4 个月使愈伤组织分化形成芽，将芽转至壮芽培养基中培养 2 个月形成小植株，然后将丛生的小植株进行分株，放到生根培养基中培养一个月左右。当根尖突出后，转到壮根培养基中培养 1 个月左右，到大多数根长到 1 厘米以上时，出瓶炼苗 10 天左右，然后移栽（图 2–11~2–12）。

图 2–11　已生根的鹤望兰组培苗

图 2–12　鹤望兰组培健壮苗

157

4. 组培苗移栽

选择生长健壮、叶子 3~4 片、根系发达苗进行移栽，移栽前将培养瓶的盖子去掉，暴露 1~2 天，将幼苗从瓶中取出，然后用清水冲洗掉培养基，清洗干净，防止幼苗根部腐烂，将苗根放在水中培养 1 天再移植。培养土可以采用与种子繁殖相同的培养土，温度保持在 22~25℃ 左右，空气湿度控制在 70% 以上，培养土中的水分含量不能太高，否则容易发病，保持遮阴环境，有少量的散射光就可以了。大约 15~20 天，幼苗开始长新叶，此时光照可以加强，但是不能阳光直晒。

三、组织培养过程中须注意的事项

1. 外植体的选择

外植体是指在植物组织培养中被用于培养的离体植物细胞、组织或器官。不同的植物器官和组织，对离体培养的反应是不同的，其形态发生的能力也是不同的。当前，使用组织培养技术获得成功的植物中，外植体几乎包括了植物体的各个部位，但不同种类的植物以及同种植物不同的器官对诱导条件的反映有所不同。有的部位诱导成功率高，而有的部位很难脱分化，有时即使脱分化了，再分化的机率也很低，或者只分化出芽而不长根，或者只长根而不长芽。并且外植体的年龄对组织的再生能力也有很大的影响，通常植株的幼嫩组织及幼龄植株上的组织作为外植体更容易诱导成功。

在鹤望兰组织培养研究中，国内外研究重点主要集中在叶片、腋芽、茎尖、幼胚、幼根、胚芽及种子切段等材料上。ProMtep K. 等选用离体胚和茎尖为材料进行了其体外繁殖潜力的研究，研究表明：适宜培养条件可促进离体胚的萌发及生长；茎尖以 SH 为基本培养基在 BA 和 NAA 共同作用下，可诱导愈伤组织的形成，但缺乏持续增殖和分化的能力，且芽的诱导率也很低。虽然仅有少数愈伤组织和芽诱导成功，但表明鹤望兰进行无性快繁是可行的。Ziv M. 等（1983）选取叶片和腋芽为试验材料，发现腋芽可通过培养获得组培苗。Paiva P. D. 等以叶片、腋芽和幼胚为试验材料，在其研究中发现叶片、腋芽不能建立体外繁殖体系，幼胚可以成功建立体外繁殖体系，且幼胚最佳取材时间为授粉后 20 周左右。

何俊彦等（1996）认为，在所有接种材料中，

只有胚芽外植体在含适宜浓度 ZT 的愈伤组织诱导培养基中才能诱导出愈伤组织，并分化成芽，最后长成小植株。黄勇等取生长健壮的 2~3 年植株长约 1 厘米的芽体，消毒后接种到诱导丛生芽的培养基中，3 周后逐渐生长分化成丛生芽。王金发等（2000）曾选择鹤望兰的叶、叶柄、短茎、短茎和叶柄间的薄层组织、根、根尖、种子等组织和器官作为外植体进行组织培养试验，结果表明：只有短茎和种子切段的组织培养较为成功，其余的组织和器官均没有诱导出再生的小植株。尚旭岚等（2003）取种子切段、无菌播种获得的胚芽、开花株和 1 年生苗的主茎作外植体，其中种子切段与胚芽，分解通过原球茎（在 2H + BA 2.0 mg/L + ZT 0.5 mg/L + NAA 0.6 mg/L 和 2H + BA 2.0 mg/L + ZT 1.0 mg/L + NAA 0.6 mg/L 上原球茎诱导效果较优）和丛生芽（在 H + BA 1.5 mg/L + ZT 1.0 mg/L + NAA 0.8 mg/L 上，诱导率最佳）的诱导，再经继代增殖培养、生根培养，最后完成试管苗；而用开花植株和 1 年生苗作外植体的全部褐变死亡。

2. 植物生长调节剂与添加物的使用

植物组织培养中，植物生长调节剂对培养材料脱分化与再分化起着至关重要的作用，特别是生长素和细胞分裂素的配比。在鹤望兰的组织培养中，常使用的生长素有 NAA、IBA 及 2,4-D，细胞分裂素有 BA、6-BA、KT、BAP 和 ZT 等，使用的添加物有 PVP、氯霉素、土霉素、人参营养液及活性碳等；但对于植物激素和添加物在鹤望兰组织培养中的应用还没做过系统研究。

Ziv M. 等（1983）以茎尖和腋芽作为外植体，经消毒、抗氧化预处理后接种培养，研究表明：MS + 活性碳 10 g/L + 氯霉素 52 mg/L + IBA 2.5 mg/L + NAA 1 mg/L + KT 5 mg/L + 2,4-D 0.5 mg/L + 琼脂 7 g/L 最适合初代培养，同时发现 IBA 浓度提高到 5 mg/L 可显著提高芽的长势。Paiva P. D. 等以幼胚为材料，研究不同浓度 MS、蔗糖及 BAP 对幼胚培养的影响，结果表明：MS 浓度的变化对幼胚的生长无影响；最适蔗糖浓度为 20.64 g/L；0.5 mg/L BAP 有利于芽的生长，但随着浓度提高表现出抑制作用。何俊彦（1996）等选用不同外植体接种于 MS + BA 2 mg/L + ZT 1.0 mg/L + IBA 0.1 mg/L + 蔗糖 3% + 琼脂粉 0.4% 培养基上进行愈伤组织的诱导培养，结果表明：仅有胚芽外植

体，且仅在添加适宜浓度 ZT 的培养基中诱导出愈伤组织，诱导率 100%。由此可见，胚芽和 ZT 是鹤望兰愈伤组织形成的关键因素；在生根培养中发现，只有在生根培养基中加入 IBA 和 NAA 各为 0.5 mg/L 时，试管苗才能长出根来，且生根率达 100%，但是根尖突出后，在这种培养基中继续培养则生长很慢。这表明 IBA 和 NAA 对根原基形成有促进作用，但对根的生长表现出抑制作用。王金发等（2000）研究了激素对鹤望兰原球茎形成及成苗的影响，认为一定浓度和配比的激素对鹤望兰种子切断的脱分化和再生是必需的，低浓度的 6-BA 和 NAA 对诱导没有作用，只有很高浓度的 6-BA 才能诱导其再生，但在 6-BA 为 20 mg/L 这样高浓度激素的培养基中培养时间超过 7 天，组织块和分化的小芽均会褐化而死亡。因而采用高浓度 6-BA 与低浓度 6-BA 和人参营养液及附加活性炭的培养基进行交替培养，既能诱导难以再生的外植体分化再生，又能防止其褐化。其中种子胚培养诱导中间繁殖体的效率为 70%~80%，诱导出芽率为 80% 左右，短茎切段培养诱导中间繁殖体的效率为 80% 左右，诱导出芽率为 90% 左右。

3. 培养基和培养条件的选取

①培养基：在鹤望兰组织培养研究中，使用较为广泛的基本培养基为 MS，另有 1/2MS、SH、H。尚旭岚等（2003）的研究结果表明，MS 培养基对种子切段的启动效果相对 H 培养基差些，因而 H 培养基更适合鹤望兰种子切段的启动，在初代培养阶段，诱导出丛生芽与原球茎两种类型的中间繁殖体，胚芽的诱导以 H 培养基较优，原球茎诱导以 2H 培养基更优。

②培养条件：是组织培养试验成功与否的关键因素之一。由于鹤望兰属亚热带花卉，生长适宜温度为 13~28℃，在培养环境中模拟其生长的适宜温度为 20~26℃。由于鹤望兰外植体极易被氧化产生褐化，研究中发现黑暗条件下外植体褐化较轻，这可能是因为在组织培养中光能促进外植体中酚的氧化，产生更多的酚类物质，从而使褐化更加严重。

4. 褐化控制的方法

褐化是指在植物组织培养过程中，由外植体向培养基中释放褐色物质，以致培养基逐渐变成褐色，外植体也随之进一步变褐而死亡的现象。褐化现象在植物组织培养过程中普遍存在，对诱导外植体的脱分化和再分化产生重大影响，以至对一些植物组织培养能否取得成功起到决定性作用。在鹤望兰的组织培养过程中，外植体极易出现褐化现象，影响外植体的生长发育，导致外植体部分组织死亡，甚至整个死亡。化学成分分析结果表明，嫩芽组织及胚集中于 MS 培养基中培养时，会释放出大量酚类物质及其衍生物，未检测出氰化物。尚旭岚等（2003）对鹤望兰组织培养的褐变因素及防治措施进行了专门研究，结果表明，开花植株和 1 年生苗褐变严重，种子切段和无菌播种苗的褐变较轻，外植体较大时有利于减轻褐变，纸桥液体培养可以有效降低外植体的褐变度。

鹤望兰作为一种极易褐变的植物，其褐变现象不仅发生在初代培养中，而且在继代培养也会发生，几乎贯穿整个培养阶段。为确保组织培养成功，通过试验不断探索克服或减轻褐变的方法，其主要有：选择生长发育旺盛的培养物；在培养基中加抗坏血酸和活性炭、抗氧化剂等；适时切除培养物的褐化部分；适时转接，随继代次数增多，使褐化逐渐减轻以至不影响组织生长和芽分化。Ziv M. 等（1983）报道了一种能降低鹤望兰外植体氧化褐化、有效提高繁殖率的培养方法：取茎尖和腋芽作外植体，消毒后用 pH 4.5 的抗氧化剂预处理液（1/2 MS 液态基质，内含多种维生素及蔗糖，同时添加柠檬酸 15 mg/L、抗坏血酸 100 mg/L、苯菌灵 25 mg/L、氯霉素 5 mg/L、土霉素 5 mg/L）于黑暗 26℃ 条件下进行浸泡 24 小时的预处理，后接种于添加活性炭的培养基中暗培养 10 天，从而有效降低褐色渗出物的渗出及在培养基中的扩散。Kantharaju M. 等在抗氧化剂对鹤望兰茎尖离体培养影响的研究中发现，外植体先于含柠檬酸（200 ppm）的抗氧化剂预处理液中浸泡 24 小时，而后接种于添加 1.0% 活性炭的 MS 培养基中可有效减轻褐变，外植体存活率达 97.1%。Bosila H. A. 等研究报道细胞分裂素 BAP 与生长素 IBA 能有效减少酚类化合物等内源性分泌物。此外，进行适当的暗培养液可以减轻外植体的褐化程度。褐变作为植物组织培养中普遍存在的现象，其影响因素很多，如外植体的基因型、生理状态、营养状态、培养基成分、培养条件等。因此，在鹤望兰组织培养中，为有效控制与减轻外植体的褐变，确保培养的成功，就须综合考虑各方面因素的影响。

第三章　鹤望兰的栽培

第一节　分苗

播种幼苗长到 2 片叶时要进行分苗，分苗前后要注意以下事项。

一、准备土壤

分苗前半个月就应将分苗地土壤准备好，分苗地须施入充足的肥料，每 4 平方米加入充分发酵的腐熟饼肥 2 千克（或腐熟的干燥家禽粪、厩肥）、过磷酸钙 1.5 千克（或骨粉）、硝酸钾 1 千克、硫酸亚铁 0.5 千克，混合均匀后翻入土中 30~35 厘米深。

二、起苗栽植

起苗前将播种幼苗地浇透水，起苗时注意勿伤根系，随起随栽。分苗栽植的株行距 10 厘米 × 15 厘米，或行距略宽，便于中耕操作。栽植后浇透水，上部搭遮阳棚，约 10~15 天恢复生长。见图 3-1。

图 3-1　鹤望兰分苗后栽植

图 3-2　鹤望兰小苗第二次移栽

三、育苗管理

每隔 10 天施腐熟发酵饼肥或结合松土除草时开沟浅施，或结合灌溉施入株行间。秋季追肥时，适量增加 2% 过磷酸钙。北方霜冻前，将温室盖好塑料薄膜和草帘保暖越冬，冬季每天中午保证 2 小时通风换气时间。半年后，苗高约 15 厘米，约具 5 片叶时，须定植或再次移栽分苗。见图 3-2~3-3。

图 3-3　鹤望兰第二次移栽后的苗

第二节　定植

小苗经过 2 年生长，一般高达 50 厘米左右，叶 8~10 片，地下根 5~7 条，根长 30 厘米左右，此时可进行定植。

一、定植时间

营养钵苗周年可进行定植，分株苗则安排在春秋季进行，一般以发生花枝数最多时期进行分株定植效果最好。鹤望兰一般在每年 9 月至翌年 5 月连续不断开花，6~8 月很少开花，但是营养生长的旺盛期、花芽集中分化期。所以为了不影响切花产量，定植宜选在 5 月底进行。此时定植后，植株恢复快，半年内可恢复正常生产。

二、优选种苗

鹤望兰用于鲜切花生产的种苗一般来源于播种苗或分株繁殖苗。播种苗应选择已长出 2 片叶的实生苗，注意根系的完整，因其根系嫩且脆，极易折断。若选择分株苗应是每块根茎至少带有 2~3 个芽，否则种植后会影响生长，不易着花，并且在分切的伤口处要涂以草木灰，置阴处稍凉 1~2 天后种植，种植前必须剥去残存枯萎的叶鞘。在选种苗时还应特别注意植株应无病虫害，叶片完整。在选苗时，不能只求芽多，应以苗壮为原则，这样不会因购买后环境条件改变而使生长停滞。

三、种植区域的选择

由于鹤望兰属亚热带植物，不耐低温，怕霜冻，适宜生长的环境温度在 5~35℃，极端温度在 0~40℃。在我国北方栽培需采用温室设备，投资大，成本高，且大多数温室内由于通风、光线等条件不佳，易受病虫害侵扰，造成鹤望兰的产量和质量不如露天种植的好。而在南方由于自然条件合适，可以采用露天种植，具有投资少、通风、光照充足、病虫害少、管理成本低、产量高、质量好等优点，因此我国鹤望兰生产栽培的适宜区域应是云南、广东、海南、福建、台湾等可以露天栽培的南方省份。

四、地点选择

鹤望兰花期时平均每 1~2 天就要采一次鲜花，为尽量降低运输成本，选择栽种地时应充分考虑交通条件，尽量选择在离火车站、汽车站或距机场等较近的、交通便利的地方种植。

五、土壤的选择

鹤望兰属多年生草本植物，根系粗壮发达且垂直向下生长，所以土壤应选择土层深厚、疏松的砂壤土，便于根系向下伸长，pH 以 6.5~7.0 为佳；鹤望兰耐干旱能力强，但不耐水湿值，因此必须选择地下水位低、排水良好的地方种植。

六、定植后的管理

鹤望兰对光照的要求属于中等，花芽分化期间每天有 3 小时的直射光即可，忌过强的阳光暴晒，因此在盛夏和初秋需适当遮阴。鹤望兰生长的最佳温度是 20~30℃，高于 35℃ 则生长缓慢，超过 40℃，叶片卷曲，呈现休眠。北方地区冬季温度下降到 0℃ 时极易受冻害，初时叶质变软，而后变黑色腐烂。须及时采取保暖措施，保证植株翌年仍能成活发叶。

鹤望兰属肉质根，怕积水，要防止土壤过湿引起烂根，但须经常进行叶面喷水，以满足其对空气湿度较高的要求。生长期每月施 1 次腐熟的饼肥和氮、磷、钾复合肥。标准棚每棚每次用 20 千克饼肥、20 千克复合肥追施。盛花期应增施磷、钾肥；秋季应少施氮肥，避免导致叶片生长过旺而降低抗寒能力。

定植后浇透水，然后每天叶面喷水 1 次，约 15 天左右发新根。此后每隔 10 天施薄氮肥 1 次，可连续施 4 次。

鹤望兰为子叶留土型种子，从发根到第一片真叶展开，历时约 28~40 天，幼苗期抽叶速度相对较快，平均不到 30 天。栽培实践表明，二叶一心移栽成活率较高。移栽时，用低浓度（0.02 mg/L）NAA 混合杀菌剂（代森锌 700 倍液）处理实生苗约 1 小时，加快根系恢复和新叶抽生速度，抽生叶面积也会比较大。

第三节　棚植技术

鹤望兰作为鲜切花生产，在我国北方一般栽植在塑料大棚内。

一、整地

定植前须床面深翻挖槽，原土外翻。1 平方米可加入 25 千克的泥炭或其他腐殖土、0.5 千克的菜饼肥及适量的磷、钾肥作基肥，1 平方米施入 45 千克呋喃丹和 45 千克敌克松作土壤消毒和杀虫剂，并结合中耕深翻 30 厘米将其翻入土中。

二、做畦

种植时应高垄整地做畦，可单行或双行种植。单行种植一般垄宽 60~80 厘米，垄高 30~40 厘米，株距 100~120 厘米；双行种植垄宽 100~120 厘米，品字形交互种植，利于植物采光，垄间的步道宽约 40 厘米。

三、开穴

无论定植小苗还是分株苗，须深开定植穴，穴深不少于 60 厘米，直径不小于 50 厘米，植穴内施足有机肥做底肥。

四、种植密度

依植株年龄大小而定，1 年生苗每棚可作 3 畦，畦宽 120 厘米，畦高 25 厘米，每畦种 3 行，亩植 700~1300 株，株距 30 厘米，行距 80~120 厘米，最好每穴植 2 苗；分株后大苗的定植，分株苗每株确保 2~3 个分蘖，穴深 60 厘米、宽 40 厘米，穴距 60~70 厘米，亩植 700 丛左右。2~3 年后，随植株的长大和分蘖的不断增加，原种植密度已不利于植株生长时，可进行移植。见图 3-4。

五、栽植

为了使鹤望兰多萌发侧芽和开花，应适当浅栽，按鹤望兰的根系形状使其舒展，埋土深度以根颈部在土下 1~2 厘米、根系不露出床土为宜。栽植时在穴底施足 1 千克的腐熟饼肥，再回添土 5 厘米；覆土分层踩实。栽植苗的下部叶要剪半，拔去花枝以减少养分消耗，提高分株苗成活率。

六、浇水

栽后一次浇足浇透水，并及时起畦沟，确保不积水。分株苗一般需经 1 个月才能恢复正常生长，此期间须进行 50% 遮阴，并叶面喷水保湿。

七、秋冬管理

秋冬季，随气温的不断下降，适时地盖若干层薄膜保温，可在棚边备加覆盖草帘增加保温助其安全越冬。冬季如保持夜温在 10℃ 以上、白天 20℃ 左右，仍正常开花。但随着温度的降低，花茎伸长生长较缓慢。

图 3-4　鹤望兰大棚定植

第四节　盆栽

一、栽前准备

（一）择苗

优选株形直立、叶片宽大并有 10~12 片叶、生长健壮、无病虫害、3~4 年株龄已进入始花期的实生苗，或成年植株的分蘖苗。按盆器大小，选择适宜的株苗数，一般每盆 3~5 株。

（二）花盆的选择

1. 幼苗期用盆

4 年内新生苗肉质根生长很快，1 年内肉质根可生长 20~30 厘米，因此一般不适合用瓦盆，可选用硬质塑料盆，以高度与口径比大些为佳，这样可以让鹤望兰的肉根充分生长，而且塑料盆换盆十分方便，规格可用大致直径 35 厘米，高 34 厘米左右的圆形或六角盆或更大一些的八角盆（图 3–5）。

2. 壮苗期用盆

5~10 年生的植株已经比较大了，生长较好的植株已经有少量萌蘖，此时植物已经进入初花期，有了一定的观赏性。通常选用盆体比较大的陶瓷盆，规格可以选用直径 56 厘米，高 48 厘米左右，可装土较多，有利于鹤望兰的进一步萌蘖，为植株的开花打好基础（图 3–6）。

图 3–5　鹤望兰盆栽小苗

图 3-6　鹤望兰盆栽中苗

3. 成苗期用盆

　　10 年生以上的植株已经进入盛花期，一般分蘖较多，体形较大，根系粗壮发达且垂直生长，需要考虑更大一些的花盆，根系才有足够的生长空间，通常选用盆体规格直径 78 厘米，高 64 厘米左右的陶瓷盆（图 3-7）。

图 3-7　鹤望兰盆栽成年苗

（三）盆土的配制

盆土应选肥沃疏松、排水良好、中性至微酸性的土壤。单纯的一种培养土很难完全适合植物的生长要求，一般选用2~3种土混合为好，并加适量磷钾肥、饼肥作底肥。常用混合配置比如下：园土：腐叶土：粗砂土 =2：1：1；泥炭土：园土：粗砂土 =2：2：1；泥炭土：珍珠岩：园土 =2：2：1；泥炭：粗沙 =1：1。

（四）培养土的消毒

通常的培养土中含有很多真菌、细菌、虫卵以及杂草种子等，对植物生长不利，为了保证植物正常的生长，对土壤消毒是有必要的。如果从市场购买的培养土已消毒处理，那配置后的培养土就不必重复消毒了。在家庭园艺中，经常使用如下几种方法消毒。

1. 日光消毒

在阳光明媚的天气里，将配置好的培养土均匀铺在清洁的水泥地板、铁皮、塑料薄膜上，尽量摊薄一些，用透明吸热的薄膜盖好，温度可达60℃左右，经7~10天暴晒后，可将培养土中的菌丝、虫卵、病菌孢子等杀死。

2. 蒸汽或水煮消毒

蒸汽消毒是将营养土用纱布或其他可通气的袋子装好，放到蒸笼中加热70℃以上30分钟左右，加热时间不可过长，以免造成化合物分解和杀死有益的微生物。

水煮消毒是将培养土倒入锅中，水沸后加热30分钟左右即可，等培养土冷却后，将水分晾干备用。可杀死大部分虫卵、真菌、细菌、线虫以及杂草种子。

3. 化学品消毒

将福尔马林500毫升加水稀释50倍，用喷壶均匀喷洒到1立方米培养土中，盖上塑料薄膜，密封5~7天，去掉覆盖物，将培养土摊开，待福尔马林挥发完全后可用。能杀死大部分细菌、真菌等。

4. 杀菌类药物消毒

消毒前，使土壤含水量达到饱和持水量的60%~70%，并维持几天，因为在这样的土壤湿度下，病原菌对药剂处于敏感状态，每立方米培养土中施50%多菌灵60克，或65%的代森锌60克，拌匀后用塑料薄膜覆盖，2~3天后将膜揭开，待药味挥发后使用，可杀死真菌类。

使用化学品或药物消毒时，应注意带上口罩和手套，防止药物吸入口内或接触皮肤。没有用完的药物要放到安全的地方，不要让小孩拿到。培养土须放置好，以免小孩、动物接触造成危险。

二、栽植方法

由于盆内生长条件较地栽有很大局限性，可进行分阶段栽培，即：择苗移植、田间复壮、成型植株定植、盆内养护，以获得更高的盆花商品率。

移植时期以4月份为佳，可在当年10~11月份开花前预先用双层遮阳网，在田间按规格进行搭架，围成直径约50厘米、高50~60厘米的圆筒状网兜，周围固定，以免填充盆土时破漏。把选好的株苗，修去部分老叶，并用托布津或多菌灵药液浸根，放在阴凉处待切口自然干燥后，移植到网兜中，进行田间复壮栽培。该措施能使鹤望兰的根系从网兜下自然深入地里，根系有足够的生长空间，有利于植株旺盛生长，以免成型植株定植上盆时因过多损伤根系影响上盆后的快速恢复，也有利于花枝抽长和开花。11月下旬再将带有较多花枝的成型植株减去网兜整丛定植到高腰的盆器中，养护2~3周后，即可成为商品盆栽。

成型植株定植时，应将根垂直自然插入网兜的土里，然后在植株四周慢慢添加盆土，并轻压根土，使基质与根紧密接触，以利根系生长；栽植不宜过深，以不见肉质根为准，千万不要培土至叶柄以上，若栽植过深，会影响花芽分化。栽后浇透水，并用遮阳网遮阴一段时间，待新叶开始萌发时再转入正常管理。在此期间，土质不宜过湿，必要时可只对叶片进行喷水，保持叶片湿润。

在整个生长季节，每两周施用稀薄肥水一次，夏季需要大量浇水，定期用清水喷洒叶片及周围的地面，以增加空气湿度。冬季可稍干些，浇花用的水，其温度要求与室内的温度相同。鹤望兰喜欢光照充足，但在夏季要避免强烈直射光照射，因此在盛夏和初秋需遮阴，以防止叶片内卷。其他季节应放在光线最好的地方。冬季入室越冬，室内温度不应低于10℃，防止受冻害。

第五节 幼龄期的营养水平及适栽的土壤条件

欧国菁（1990）对鹤望兰幼龄期的营养水平及其适栽的土壤条件进行了研究。根据鹤望兰植株叶色的浓绿程度、叶片排列整齐状况、生发新叶多少及整株姿态等多项感官评价条件，将植株区分为长势良好及长势一般（或稍差）两类，从不同苗圃地采得8个叶片样品进行观察分析（见表3-1）。

表3-1 鹤望兰植株叶片材料来源

编号	1	2	3	4	5	6	7	8
采样地点	花木公司	花木公司	园林科研所	琅山苗圃	园林科研所	花木公司	北京林业大学	北京林业大学
年龄	3-4	3-4	3-4	3-4	6	3-4	3	3
生长状况	良好	良好	良好	良好	良好已开花	一般	一般	一般

通过对鹤望兰幼龄期叶片的测定分析，其营养元素的含量及相应的比例关系见表3-2。

表3-2 鹤望兰叶片营养元素含量

编号	N(%)	P(%)	K(%)	Ca(%)	Mg(%)	Fe(ppm)	Zn(ppm)	N/P	K/N
1	1.14	0.44	1.53	0.88	0.38	353.8	93.3	2.6	1.3
2	1.24	0.49	1.50	0.82	0.39	196.6	90.1	2.5	1.2
3	1.14	0.42	1.79	0.96	0.36	317.2	123.9	2.7	1.6
4	1.20	0.26	1.92	0.97	0.62	332.1	150.5	4.6	1.6
5	0.87	0.31	1.82	1.21	0.47	261.9	120.5	2.8	2.1
6	1.61	0.29	1.82	0.91	0.47	118.9	74.3	5.5	1.1
7	1.66	0.34	1.44	0.82	0.26	201.9	121.2	4.9	0.9
8	1.70	0.32	1.42	0.71	0.66	173.2	105.9	5.3	0.8

植株生长状况与叶片营养成分关系如下：

①幼龄期叶片中氮含量均在2%以下。鹤望兰幼龄期生长良好的植株叶片中氮素含量为1.14%~1.24%，生长一般或较差植株叶片氮素含量1.61%~1.70%，这可能与植物叶片中形成纤维素有关，适量的氮素有利于碳水化合物进一步转化合成，过多的氮素引起含氮化合物的积累，形成植株柔软。开花植株叶片中氮素明显降低，是与氮素向生殖器官转移有关。

②幼龄期对钾素的需要量比氮和磷多。鹤望兰叶片中钾含量为1.42%~1.92%，由于钾能使植物体内的糖类向聚合方向转化，对体内纤维素的合成有利，使之叶质厚实，长势旺盛；生长良好的植株叶片钾含量为1.50%~1.92%，钾与植株体内氮素的吸收和利用有密切关系，二者在幼龄叶片中含量比（K/N）：良好植株为1.2~1.6，一般植物为1.1以下。

③在新陈代谢过程中，磷素有着重要功能。幼龄植株生长良好的叶片含磷0.26%~0.49%，叶片中氮磷比列（N/P）：良好植株为0.5~4.6，一般植株为4.9~5.5，明显表现出氮磷比列失调的趋势。

④铁、锌在植物体中含量很低，但其生长发育的专一性作用是极为重要的。在温室栽培的鹤望兰叶片中的铁、锌含量都较高，尤其是生长良好的植株，其含铁量在197~354 ppm，含锌量为90~150 ppm，而生长一般或稍差植株的含铁量119~202 ppm，含锌量为74~121 ppm。

植物生长发育受许多环境因子的影响。在人工栽培的环境下，土壤条件常常是人为可以控制的因子之一。根据对不同生长状况的鹤望兰盆栽土壤进行测定分析，初步掌握了它的某些特性及养分状况。其结果见表3–3、表3–4、表3–5。

鹤望兰的盆栽土壤是由有机物质与沙土混合配制而成，从表3–3中可以看出各处盆栽土的容重相差不大，均在0.82~1.08克/厘米³，小于一般园土容重。从不同生长状况的盆土孔隙来看，确实有明显差异，生长良好的盆土总孔隙度为72%~78%，空气空隙度一般均在20%以上，毛管空隙也占有较大的容积；而生长一般或稍弱的植株盆土总孔隙度为70%以下，空气孔隙度低于20%，毛管空隙所占容积也相应较小。

表3–3　鹤望兰盆栽土壤的孔性

编号	容重（克/厘米³）	总孔隙度（%）	毛管孔隙度（%）	空气孔隙度（%）	土壤固相体积（%）	三相比土体：水分：空气
1	0.94	76.8	56.0	20.8	23.2	1:2.4:0.9
2	0.82	73.1	56.9	16.2	26.9	1:2.1:0.6
3	0.84	75.1	54.4	20.7	24.9	1:2.2:0.8
4	0.86	78.3	49.4	28.9	21.7	1:2.3:1.3
5	1.08	72.0	52.0	20.0	28.0	1:1.9:0.7
6	0.87	69.0	54.0	15.0	31.0	1:1.7:0.5
7	0.95	65.6	47.4	18.2	34.4	1:1.4:0.5
8	1.00	63.3	46.9	16.4	38.7	1:1.3:0.4

表3–4　鹤望兰盆栽土壤颗粒组成

编号	颗粒组成				
	>1*(mm)	1–0.05(mm)	0.05–0.005(mm)	<0.005(mm)	<0.01(mm)
1	32.4	48.6	45.6	5.8	12.6
2	22.5	70.8	28.8	0.4	4.7
3	5.6	65.1	31.1	3.7	9.7
4	25.4	64.7	31.7	3.6	9.7
5	18.9	73.3	24.2	2.5	9.9
6	23.4	58.6	36.7	4.7	10.1
7	8.4	59.4	33.8	6.8	11.4
8	9.5	62.2	30.5	7.3	12.1

注：*表示该类土壤颗粒占全部盆土样品的百分比。

各盆土样品的颗粒组成分析结果均表明以砂粒（1~0.05 mm）占优势，其次为粉砂粒（0.05~0.005 mm），而粘粒（<0.005 mm）的含量极少，各盆土质地差异不大。栽培鹤望兰时用各种砂土都能满足部分通气要求，其盆栽土壤的孔性和物理性质与掺入有机物质的种类和数量有直接关系。盆土中适量的石砾（>1 mm）可能对其物理性状有一定的改善。

土壤pH是土壤的基本性质之一，它对鹤望兰的生长有一定的影响。考虑到鹤望兰原产在非洲南端，酸性环境可能对它更为有利。表3–5中的分析结果表明当盆土中$CaCO_3$含量较低，土壤的pH为6.0~7.5都是适宜的。

表 3−5　鹤望兰盆栽土壤的化学性状及养分状况

编号	pH	CaCO₃（%）	有机质（%）	全氮（%）	碱解氮（ppm）	有效养分含量					
						NH_4^+–N	NO_3^-–N	P	K	Fe	Zn
1	6.00	0.09	51.5	1.410	929.0	17.6	442.5	220.0	107.0	39.4	9.8
2	6.73	1.39	23.9	0.689	654.0	8.8	354.0	128.0	31.0	37.8	9.6
3	7.50	0.61	17.1	0.315	321.3	2.8	97.0	44.0	208.0	40.6	9.8
4	7.50	1.32	16.1	0.310	219.9	0.6	125.0	81.0	74.0	36.0	6.5
5	7.43	1.21	12.8	0.304	156.7	1.8	84.0	31.0	29.0	34.0	8.6
6	7.45	2.8	11.2	0.291	271.3	1.7	118.0	47.0	216.0	24.0	9.5
7	7.51	3.80	16.8	0.293	368.4	34.2	167.0	45.0	91.0	41.6	6.6
8	7.55	3.54	10.1	0.281	371.3	31.3	242.0	41.0	100.0	41.0	6.5

鹤望兰栽培的土壤条件分析如下：①盆栽土壤是由有机物质与砂土混合配制而成，各处盆栽土的容重相差不大，均在 0.82~1.08 克 / 厘米³，小于一般容重；②生长良好的盆土总孔隙度为 72%~78%，空气孔隙一般均在 20% 以上，毛管孔隙占有较大的容积；③盆土样品的组成，以砂粒（1~0.05 mm）占优势，其次为粉砂粒（0.05~0.005 mm），而黏粒（<0.005 mm）的含量极少。盆土中适量的石砾（71 mm）能对其物理性状有一定的改善，pH 为 6.0~7.5 的土壤均较适宜。

第六节　移植对鹤望兰产花量的影响

移植对鹤望兰的产花量有显著的影响。在移植的当年，产花量减产近9成，此后逐年提高。然而在移植2年半后仍未恢复到对照的水平（表3-6），这表明移植对鹤望兰的产花量的影响期超过2年。在实践中应慎重选择场地，确定合理的种植密度，避免经常移植，慎重采用分株繁殖方法。

表3-6　鹤望兰盆栽土壤颗粒组成

地点	移植时间	产花量	占对照百分比 %	调查时间
南京	2001-03	49	78.3	
禄口	2002-03	39	61.9	2003-09-09
机场	2003-03	07	11.1	
苗圃	未移植	63	100	
南京马	2002-04	44	61.1	
群白水	2003-03	08	11.1	2003-09-12
桥苗圃	未栽植	72	100	

注：本表引自唐后勇等（2009）。

第四章　鹤望兰的管理养护

第一节　水分管理

鹤望兰因具有肥大的肉质根系，能贮藏水分，所以耐旱能力强，但怕涝，长期积水易造成烂根，因此在春季、梅雨季节应注意排涝，防止积水。5~7月份是鹤望兰生长的高峰期，应保证充足的水分供应，浇水时应一次性浇透，待干后再浇，即保持间干间湿的状态，以维持土壤的水气平衡，保证生长期营养的充足供应。8~10月份适当控水有利于花芽的形成，促其多开花。10~11月是开花盛期，应供水充足。冬季鹤望兰生长缓慢应减少浇水，见干后再浇透。在夏季炎热、秋季干燥的季节，应向叶面或四周洒水，以降温并增加空气湿度。早春和花期后适当减少用水量，为提高空气湿度，植株地上部分要适时喷水，使生长期空气湿度保持在 60%~70%。花期过后的冬季，若让它继续生长，则浇水可适当多些、勤些。

鹤望兰分株苗上盆后，要浇足定根水，一周内，每天浇水一次，以后见干就浇，保持盆土微湿润，不可过分干燥。

第二节　肥料管理

鹤望兰喜肥，除盆土中加入适量的磷、钾肥作基肥外，在生产季节每隔 2 周左右应施 1 次稀薄肥或"八八三""奥普尔"等活性腐殖酸液肥或施 2~3 次过磷酸钙；秋、冬季节则以磷、钾肥为主。

一、常用肥料种类

1. 有机肥

凡是营养元素以有机化合物形式存在的肥料均称为有机肥。种类多，养分全，不仅含有大量有机质，还含有微量元素，肥效释放缓慢而持久、稳定。虽含量低，但能够改善土壤结构合理化性质，提高土壤肥力，活化土壤养分。有机肥中含有大量酶和微生物，可以通过微生物的活动使养分释放出来。有机肥还能提高植物的抗逆性，改善植株品质，同时有机肥料热容量大，保温性好，不易受外界冷热变化的影响，常用作底肥。主要有堆肥、人畜粪便、饼肥、家禽粪、腐殖酸类肥料。

2. 无机化肥

化肥所含的氮磷钾等营养元素以无机化合物的状态存在。具有养分单一、含量高、肥效快，供肥强度大的特点。长期使用会破坏土壤的理化性质，且肥料之间的相互作用不好掌握。可以作为追肥、叶面施肥，家庭中不常作为主要肥料施用。常用的化肥有尿素、硫酸铵、过磷酸钙、硫酸钾以及微量元素肥料硫酸亚铁、硼酸、钼酸铵等。

3. 复合肥

复合肥是通过一定的工艺，将氮、磷、钾元素以一定的比例搭配成的一种肥料。但是，通常不含有 Ca、Mg、S 等大量元素以及 Cu、Zn、Mo 等微量元素。

4. 缓效肥

大部分化肥在施入土壤后都会很快释放其营养成分，对植物的生长有明显的促进作用，但是这些营养元素往往容易被频繁的浇水所冲洗掉。缓效肥是通过特殊的工艺进行加工的，在土壤中能够保持几个月甚至一年的肥效。其特点是安全可靠，稳定促进植物生长，养分不会流失。这种肥料相对较贵，但营养元素供应均衡，省时省力，不会因为忘了施肥而导致植物生长不好。

5. 水溶性肥料

水溶性肥料是根据植物不同种类、不同生长期的特点，采用特殊的工艺生产的全营养肥料。主要的特点有：①氮磷钾养分配比科学。幼苗期氮磷钾（N-P_2O_5-K_2O）比例为 10∶52∶10，生长期为 30∶10∶10，开花期为 10∶30∶20，可以伴随浇水进行。

②营养元素全面。植物除了需要 N、P、K、Ca、Mg、S 外，还需要 Cu、Zn、Mo 等微量元素。由于无机态微量元素容易沉淀，往往不能吸收完全。而水溶性肥料中使用的是螯合态微量元素，从而形成稳定的螯合物，化学特性稳定，易储存，易于被植物吸收。

6. 自制肥料

家庭生活垃圾中，有许多丰富的养花肥源。将变质的豆类、花生等粉碎后煮熟，放在密封的容器中腐熟，拿出来晾干后是很好的氮肥来源。鱼刺、鸡骨、猪骨等动物的骨头经堆制发酵后是很好的磷肥，通常用作基肥。

二、施肥管理

1. 幼苗期的施肥管理

鹤望兰从幼苗到开花一般要经历 4~5 年的生长期。幼苗出土后长到 2~3 片叶时即可定植，定植成活后每 10~15 天施薄肥一次，施肥浓度随着苗龄的增加而逐步加浓。幼苗期施肥以氮肥为主，每半月用尿素施肥一次，适当补充磷钾肥，保持营养平衡。随植株不断长大对氮、磷、钾及其他微量肥料的需要逐渐增加，施肥间隔可缩短。施肥前应除草松土，以利于幼苗吸收。每年春秋季应施腐熟的有机肥，以增加土壤肥力，改善土壤结构，达到持续利用的目的，有利于鹤望兰生长，冬季应停止施肥，以提高植株的抗寒能力。

2. 开花期的施肥管理

鹤望兰属于多年生草本植物，开花寿命很长。据报道，南京植物园一株种植 40 年的植株仍然在开花。因此，对鹤望兰的施肥原则是既要满足其生长发育所需要的营养，又要有利于土壤改良，以延长其开花寿命，宜采用有机和无机肥相结合的方法进行科学施肥管理。鹤望兰属于喜肥植物，每年开花会消耗植物体的大量营养，同时植株分蘖繁殖也需要大量营养，充足的养分是鹤望兰生长发育的重要保证。试验表明，每年早春 3~4 月份和初秋 9 月份施两次有机肥，对于提高鹤望兰的产量和质量、改良土壤具有重要作用。方法是将鸡粪或羊粪拌入人粪尿，经 1~2 个月的堆积腐熟后挖浅穴施入土中，挖穴位置放在行与列的中间，挖时注意尽量避免伤根，每穴施入 3~5 千克，施前除草松土，施后覆土，并保证水分的供应。

鹤望兰在南方一年四季都可开花抽新叶。据观察，在福州一般自然条件下开花的高峰期出现在每年的 4~5 月份和 10~11 月份，长新叶的高峰期出现在 5~10 月份，平均每株每年可开 3 枝花，长 8 片新叶，因此除春秋两季施有机肥外，还必须不断补充其生长发育所需的营养。周年施肥最佳方案：1~2 月份不施肥，主要做好有机肥的堆肥，拔除鹤望兰的枯枝、枯叶等，对土壤进行深翻松土；3~4 月份施入腐熟的有机肥，为促进其生长，可在有机肥中拌入碳铵或碳酸钙等含氮量高的化肥一起施用；4~6 月份每半个月施一次腐熟的人粪尿和复合肥混合液；7~8 月份停止施肥，适度控水有利于花芽的形成；9 月份施腐熟的有机肥，为促进其开花，在施肥前拌入含磷、钾的化肥一起施用，同时每半个月叶面喷一次磷酸二氢钾，并适当控水，促进多形成花芽，此时形成的花芽可以满足春节前开花的需求；10~11 月份每周对叶面喷施磷酸二氢钾和硼酸，每月施一次复合肥以提高花的质量；12 月份受低温影响，植物生长缓慢，为促进花芽生长，可喷洒高磷肥，每半个月叶面喷洒一次，可以促进提高开花和抗寒能力。

春季施入腐熟的有机肥，促进其生长；夏季植株处于半休眠状态时，应减少肥水用量；秋季适当减少氮肥用量，以防止茎叶生长过旺而影响花芽发育和抗寒能力；冬季应停止施肥。

3. 施肥注意事项

鹤望兰生长期较喜肥，定植前应施足基肥，开花前后需经常浇肥水，以"勤施薄肥"为原则，以有机肥加适量钙镁磷肥为主，切忌几种肥料一并施用，施肥量不宜过大，可采用挖浅沟的方法施入。同时，用 0.2% 磷酸二氢钾溶液配合叶面喷肥效果更好。另外，肥料使用如果过于集中，轻者鹤望兰的根系受损、叶片焦边，重者植株叶片脱落，根变黑，植株死亡。叶面施肥时，要均匀使用，浓度要严格控制，大量元素控制在 0.2%~0.5%，微量元素根据元素而定，一般 1~2 天见效；大多在发现缺乏某种元素时使用，是一种辅助方式。肥料使用过多，通常在 1~2 天后，植物表现为显著的凋萎现象，当通过浇水稀释土壤中的肥料也不能恢复，将植物挖出来，可以发现白色的根部变成黑褐色，这种发黑状态持续几天，植株就会枯死。有些刚施肥就呈现出凋萎现象，是由于根部受害而引起的，还有可能叶片边缘或叶尖呈现出干枯现象，这种情况通常是由于叶片中的盐分偏高，引起叶片细胞死亡。发生施肥过多时，充分灌水，将肥料冲走。正常养护时，鹤望兰很少发生大量元素缺乏的症状，但是常发生缺乏 Mo 元素，症状表现为植株矮化，老叶先发生褐色斑点，继后新叶表现多种畸形，如叶片缺刻、褶皱、歪边、主脉分叉叶、连体叶、一次异常抽生两张新叶等，新生叶片明显变窄，叶肉严重退化缺失，呈剑状狭长的鞭状叶，抽花数量显著减少，偶尔抽花品质也明显下降，叶柄扭曲，严重影响植株生长。

秋季分株的，成活后浇水不可过多。栽植 1 个月后可追施稀薄液肥 (以人粪尿或氮肥为主) 1~2 次，而后进入常规肥水管理。

夏季一般每周 3~4 次水，冬季每周 2~3 次。每次浇水应以浇透为准。鹤望兰大苗一年四季均可生长开花，需肥量较大，应多施饼肥、畜粪肥等有机肥料，每丛植株有机肥年施用量在 3~5 千克。化肥施用上应注意根据土壤的速效氮、磷、钾含量以及产花旺淡季进行科学配方，并根据产花旺淡季调整施肥量。试验表明：生长旺盛的植株，需氮量较大，其切花的商品花率、一级花率也较高。复合肥的施用量为每月每丛 100 克，但应根据市场对切花的需求及花价变化适当增减，以提高产投比。一般而言，夏季是鲜切花消费的淡季，市场花价较低，因而应采取减少施肥量的措施，控制夏季产花量，同时也节约生产成本。

这里值得一提的是，对弱苗、小苗应勤施薄肥，使其营养生长加快，有利早开花、多开花、开好花。

三、提高土壤肥力的有效手段

1. 施用有机肥

有机肥是微生物存在的基质，在一定条件下，微生物将有机物质分解、腐化为有机肥，有机肥又进一步促进微生物的生长繁殖。施入土壤后既增加了土壤微生物又激活了土壤微生物，使土壤矿物质迅速分解，生物代谢产物迅速增加，从而使土壤养分增加。

有机肥的来源丰富且便宜，人粪尿、畜粪尿、厩肥、堆肥、沤肥、绿肥、沼池肥、沼液、三废肥等都是有机肥。这些有机肥的肥力各有特点，应根据不同作物不同生长时期的需要选择使用。鹤望兰喜富含有机质土壤，花期对钾需量大，苗期需要氮肥，生长过程中还需要微量元素铁和锌。因此，堆肥、沤肥、绿肥、沼池肥是鹤望兰最好的基肥，并可拌入草木灰，视生长需要随机加入锌和铁。苗期和采花后应追施人粪尿、沼液，花期追肥畜粪尿，但沼液含有硫化氢有毒气体，鹤望兰对此敏感，需注意。

施用的有机肥必须腐熟，腐熟技术必须掌握，腐熟过程中的温度、水分、空气、pH 值、C/N 比的调节、化肥及微量元素的添加应科学，否则，有机肥质量不高，微生物种群不足，还会给土壤带来病害。

施肥时间的确定既要根据鹤望兰的生长规律及不同生长时期对养分的需要，又要有利于微生物的生长。一般是收花后夏季雨前和秋季温度未低时作基肥施用，前者，雨水一至，微生物迅速活跃；后者，温度未低，不会抑制微生物的活动，即使伤根也容易恢复，不会影响花的质量。追肥则视鹤望兰对养分的需求情况来定。

2. 接种菌肥

目前被广泛使用的菌肥主要有固氮菌、磷细菌、钾细菌、抗生菌、增产菌。固氮菌在生长繁殖过程中能分泌多种作物生长素及多种微量元素。磷细菌具有强烈分解土壤中不溶性磷酸盐的作用，从而释放出可直接被作物吸收利用的有效磷。钾细菌在土壤的新陈代谢中能产生赤霉素及其他活性物质，均属于作物的内源激素，可自身调节生理过程，分解土壤中含钾矿物质，释放有效钾供植物直接吸收。抗生菌具有较强的抗病作用，能防治根腐、黄萎等多种病害，能分泌生长激素，产生有机酸，将难溶性磷转化为有效磷。增产菌是植物体自然生态系的成员，是植物体内的共生菌，通过促进体内有益微生物的繁殖或增强其活力，抑制病原微生物的繁殖，使作物得以保持最佳的生理功能，进而促进作物生长发育提高抗病、抗旱、抗寒、抗干热风、抗霜冻等能力。固氮菌可通过种植豆科植物获得，磷细菌、钾细菌、抗生素、增产菌等需要接种，接种的方法是混入有机肥培养，培养的技术决定种群数量，当接种的菌肥在有机质中充分繁殖以后施入土壤中并覆盖，细菌就会在土壤中迅速增生繁殖。

3. 调节水分

水分过多会使土壤微生物窒死，使有机质和矿物质流失，引起鹤望兰烂根。鹤望兰的肉质根，是水分和营养物质的贮藏器官，本身水多质嫩，喜水又怕水。过多的水分既不利于其物质的交换，还会使其淹病；水分过多还会引起鹤望兰徒长，影响花芽分化，延缓开花时间，病害增多；水分过多还会使土壤嫌气细菌产生反硝化作用脱氢。

水分过少，土壤微生物活动减缓，营养物质难以被作物吸收，虽然鹤望兰的肉质根能贮藏大量水分，但长时间的干旱会导致花芽分化不良，使花茎弯曲，杆细花小，易导致红蜘蛛、介壳虫的危害。

微生物和鹤望兰同为生物，有诸多共同的生活习性，调节好微生物的水分环境就等于满足了鹤望兰对水分的要求。

第三节　温度控制

鹤望兰能耐 0~40℃ 的温度，能耐 –5℃ 的极端低温。生长适温为 13~24℃，冬季温度也不宜低于 5℃。夏季高于 40℃ 生长受阻，冬季低于 0℃ 以下易遭受冻害。一般，冬季晚上不低于 10℃，白天处于 20℃ 时还能开花，在适宜的温度范围内，每片叶的叶腋均可形成花芽，抽葶见花。

鹤望兰从花芽分化到开花需要 4 个月的时间，在此期间对温度较敏感，控制好温度是关键，保持在 15~25℃，才能保持新叶迅速生长和花芽健壮发育。如超过 25℃ 或低于 5℃，则已发的花芽也会坏死，如日间温度 25℃，夜间 15℃，保持 10℃ 左右的昼夜温差，则有利于植株迅速生长。因而控制好温度是提高产花量的关键，所以冬季要做好保温工作，夏季做好降温工作。

当气温持续高于 32℃ 时，便会发生日灼病，叶片发生焦枯、干枯现象，会影响花的质量；40℃ 以上的高温会导致生理性伤害和花芽枯死。夏季可以加遮阳网遮阴防止高温暴晒，大棚需定时启闭通气口。如夏季盆栽鹤望兰不休眠并继续生长，则应放在地下室等冷凉处，以灯光补充光照，保持 20℃ 左右的温度并适量浇水施肥，等到气候转凉，再渐渐地由半阴状态转入正常的养护。国外有实验表明，夜间在 13℃ 左右、白天 21℃ 左右有利于鹤望兰开花。

冬天，当气温降至 13℃ 以下时，就会抑制植株生长叶子发生卷曲或变成焦褐色。冬季应注意防寒，在低于 5℃ 时，盆栽鹤望兰移入室内或搭小拱棚保温；北方地栽时在 11 月至翌年 3 月间需覆盖塑料薄膜，太冷时可用 2 层或 3 层薄膜覆盖。安全越冬必须保持在 10℃ 以上，如果要求其继续生长开花，则必须保持在 15℃ 以上，并应当适量浇水施肥。

鹤望兰虽能耐 –5℃ 极端低温，但 0℃ 以下叶片会受冻，影响生长；它也不耐霜冻，因此做好防霜防冻是北方鹤望兰生产上的一个关键。在我国北方一般采用温棚加盖两层塑料布和其他加温的办法，而在南方露天栽植的鹤望兰可以采用如下诸多方法。

①自制烟雾弹防霜。用 30% 硝铵、30% 沥青、40% 锯末为原料混合制成。先将锯末和硝铵晒干、压碎、过筛，然后将 3 种材料混合拌匀，包成筒状药包，中间插上药捻或导火线即成。在霜降之前放置在地里，放置数量可根据地块大小而定，在霜降前 1 小时左右点燃，即可放出大量浓烟笼罩于圃地上空起到保温作用。

②熏烟防霜。让可燃物燃烧发烟，使其形成烟雾达到防霜的目的。具体熏烟方法是先测准风向，在防霜地块的上风口，每隔 10 米左右挖深 30 厘米左右，直径为 90 厘米左右的小型圆坑。根据预报，当温度下降到 1℃ 以下、0℃ 以上时点火放烟。必须掌握好点火时间，不能过早或过晚。一般于午夜 0~1 点左右开始点烟，烟幕应持续到天亮太阳升起温度回升为止。采用此法防霜冻效果好且经济。

③覆盖防霜。可用稻草、芦苇、塑料布等材料，在霜冻前 4 小时左右覆盖在鹤望兰植株上，以防止冻害。据记录，在 2004 年 12 月至 2005 年 1 月间，福州多芬公司基地对鹤望兰进行盖稻草越冬，结果表明，采用此方法可以抵御 –5℃ 以下的低温，且此方法简便易行、成本低、效果好。

第四节　光照控制

鹤望兰属亚热带长日照植物,喜欢阳光和温暖湿润的气候,生长期适宜光照强度为30000勒。夏季怕强光暴晒,暴晒过度会出现叶片内卷,生长减缓,所以炎夏须适当遮阴,防止日灼病。夏季遮阴时间过长,或冬季光照不足都会导致叶片徒长,叶柄细弱弯曲不易开花。因此,要做到"冬不阴,夏不晒"。在春、秋、冬三个季节都应该有充足的光照,即夏天可用遮光率30%~50%的遮阳网于中午前后适当遮阳,且时间不能过长,其余时间都要受到阳光照射;特别是开花植株摆放于室内陈列期间,应置于有光线、凉爽通风处。

分株苗栽植后,应拉遮阳网适当遮阴,防止阳光过强灼伤叶片。待恢复长势后撤去遮阳网,正常管理。秋季分株,应注意保温,11月至翌年3月份应拉大棚,盖1~2层塑料薄膜保温。次年3月份气温上升后中午注意通气,在4~5月份即可拆除大棚。盆栽苗可在冬季进温室或大棚管理适当增加光照补充。

鹤望兰苗期对光照较为敏感。胡宏友、黄维南(1999)在研究不同生态因子对苗期生长的影响时,从露地、荫棚、温室三种栽培条件下对越夏幼苗进行了观察实验:以遮光率60%~80%左右的荫棚架生长势好,叶片伸展,生长旺盛;露地栽培普遍受日光灼伤,叶尖枯死,根系受到损伤;而温室高温虽然抑制了幼苗生长,但未见明显的生理性伤害。可见,适当的遮阴是鹤望兰幼苗越夏的重要措施(表4-1)。

表4-1　不同栽培条件对鹤望兰幼苗越夏的影响

栽培条件	透光率(%)	最高气温(℃)	平均株高	叶片数	生长状况
露地	100	38~40	18.2	4~8	部分老叶、新叶叶尖、叶缘枯死,根尖、根毛坏死
温室	60~80	40~43	20.6	6~8	叶拳卷、无坏死、根毛部分坏死
荫棚	20~40	36~37	26.4	8	叶舒展、根系生长良好

第五节　修剪

鹤望兰叶多才能花多,理论上成年植株能达到一叶一花,但实际生产上,不可能每片叶的花芽都能分化好,并长出合格的花束。一般从中间往外数的第4片叶子开始,有花芽分化,如果管理不当,有些叶片将抽不出花序或者花序弯曲。因此,剪取鲜切花枝的植株,如叶片黄绿老化后则应从叶柄基部剪除,以便从根颈部继续萌发新叶。留种植株待采种后从花序基部及时剪去,剪口应尽量接近土面,以保证正常叶子的生长和花芽的形成。

据观察,鹤望兰每株每年平均会产生8片新叶,5~6片枯叶。如果不及时剪除枯叶,不仅会影响新叶的生长及花芽的发育,而且容易造成根茎部腐烂,造成植株死亡。因此应加强通风条件,减少病虫害,对于弱小不能开花的枝叶、开过花的芽叶、徒长叶、病叶、枯叶、断叶、畸形叶和畸形花都应及时剪除。一般由外向内逐步剪除枯叶,必须剪到基部,以保证正常叶子的生长和花芽的形成。

鹤望兰喜光照充足和通风良好的条件,因此除适当控制密度外,还必须及时清除杂草。及时除草既避免与鹤望兰争肥水,保证了通风透光,又可达到疏松土壤的目的。一般除冬季外,每月至少要除草一次。

第六节　不同时期的养护

一、缓苗期

移苗时伤根严重，缓苗期是重要的栽培阶段，该期需要较严格的环境条件。温室内需保持较高的湿度、适合的温度和较低的光照。前期可适当遮阳1.5~2个月，光照控制在0.8~1.2万勒，温度控制在18~25℃间，湿度控制在70%~90%，保持植株低水平的生理机能，减少叶片的蒸腾强度，提高地温，促进新根系的发育。随着植株生长势的逐渐恢复，可逐渐增加光照到1.5~2.0万勒。

该期以提高植株成活率为主要目标，需3个月左右时间，除保持良好的基本环境条件外，还需保证一定时间的通风，保持温室内良好的空气质量（降低室内 CO_2 含量，提高 O_2 含量）；控制浇水量使之含水量保持在40%~50%；加强基质的通气性，有利于根系的发育。前期不宜施肥，待新根系基本形成再逐渐施肥，每7~10天浇施1次1000倍液的专用肥为宜，pH值为6.0~6.8，EC值为1.5~2.0。

二、营养生长期

有试验表明，温度为15~30℃、湿度为65%~85%、光照为1.5~3.5万勒的环境条件，对鹤望兰的促成栽培是极为有益的。试验中发现昼夜温差过大，将对植株的生长和鲜切花的质量有很大影响。当温差大于18℃以上时，新萌发的叶片会纵向皱缩，花梗粗细不均、弯曲，甚至叶柄会粘连成一体，严重程度与温差的大小呈正相关。试验中还发现鹤望兰植株对温度的承受能力与环境湿度有密切的关系，植株对高温高湿的忍耐力远远大于高温低湿或低温高湿。

待植株的生长势恢复进入正常生长发育阶段，应以增加健康的叶片数和营养面积为主要目标，避免过早产花。在施肥上注重薄肥勤施，每5~7天浇施1次800~1000倍液的叶面肥，每10~15天向叶面喷施1次1000~1500倍液的叶面肥，肥液的pH值应≤6.8，EC值≤2.5。该期植株对水的需求相对增强，要保障基质50%~60%的含水量，水的pH应调剂在5.6~6.8间，EC值≤0.8。增加喷雾抑制高温和增加空气湿度，适宜的湿度为60%~85%间，喷水应注意错开高光照区间，避免灼伤叶面。为提高植株的光合速率，该期应适度加强光照强度和时间，2.0~3.5万勒光强度是极为有益的，并注意充分利用早晚的散射光资源。植株在高湿状态下容易发生病害，需每7~10天喷洒1次800倍液的广谱性杀菌剂（百菌清、退菌特、托布津等），每20~30天用1000倍液的五氯硝基苯灌根1次，控制土传真菌的危害。在该期有些植株开始孕蕾、抽苔、开花，但多为花梗细弱、扭曲，花朵弱小、畸形，商品价值低下，应在蕾期切除。

三、花芽分化期

当多数植株叶片的叶脉显红色时即进入花芽分化期，预示植株的生理机能正在进行巨大变化，为生殖生长阶段做准备。期间主要是调剂供肥的成分以促进转化，需每5~7天浇施1次800倍液的复合肥，每10~15天叶面喷施1000倍液的复合肥1次。可喷洒2000倍液的烟百素防治蚜克虫的危害，使鹤望兰进入初花期。

四、生殖生长期

植株逐渐进入产花期，温度最好在18~28℃，湿度在55%~60%，光照在2~3万勒对植株花芽分化、鲜切花的培育及质量都是有益的。在花蕾已抽出时，为培育颜色纯正、硕大健康的鲜切花，应每5~7天浇施1次600~800倍液的复合肥，暂停向叶面施肥，以免伤害鲜切花；当大部分切花采收后，应改为每5~7天浇施1次800倍液的复合肥，以促进花蕾的发育。

第七节　四季管理的要点

春季，鹤望兰花期将过，正值换盆、分株好时机，注意保温防寒，给足阳光，适当施肥、浇水。

夏季，鹤望兰在18~25℃的温度下生长最适宜，但忌长时间烈日直晒，及时遮阴、降温；气温高水分蒸发快，要勤浇水，晴天每日3次，可适当加施用磷、钾肥，促进开花；每20天施1次0.1%~0.5%的硫酸亚铁，防止土壤板结、碱化，尤其在形成花茎时应补充磷肥。通气不良时容易滋生介壳虫，可喷洒1000倍液的乐果乳剂杀虫。

秋季是鹤望兰含苞和开花之季，继续做好防暑降温和防旱工作，应给予充足的阳光和水分，及时追肥、防虫、松土；秋末较凉，浇水可酌情减少；花期应停止追肥。

冬季气温低，植株生长缓慢，应注意防寒保温。选阳光充足的地方，保持每天12小时的光照，温度控制在13~18℃为宜，不可低于5℃；控制浇水，土壤湿润偏干些，有助于花芽形成。一般不施肥，保持通风透气，以维持植株最低的生命需求。

第五章 鹤望兰病虫害防治

我国不是鹤望兰的原产地，引种栽培鹤望兰到新的地理环境下，有的区域自然条件也不理想，不仅冬天需加温、夏天需遮阴，而且容易产生病虫的危害，影响植株的正常生长，降低其观赏价值。为了降低成本，提高经济效益，须采取适当措施，防治鹤望兰病虫害的发生。

第一节 常见病害及防治

一、细菌性立枯病

立枯病的发展是从叶柄基部开始，出现变软、干枯，最后转变为褐色腐烂，直至整株死亡，见图5-1~5-3。为防病及其病菌蔓延，应重视土壤消毒，栽植时株距不宜太小，栽植不宜过深，及时剪除老叶，加强通风及营养管理，增加植株的生长势。发现病株后立即掘出销毁，并进行土壤局部消毒。生长期定期喷洒井冈霉素、百菌清、福星等杀菌剂，达到及早防治的目的。

图 5-1　感病植株

图 5-2　感病植株逐渐枯死

图 5-3　根颈部腐烂，有恶臭味

二、鹤望兰青枯病

鹤望兰青枯病是细菌青枯假单孢杆菌所致。高温多湿，时晴时雨的天气，特别是土温变化激烈利于本病发生流行。此外，降雨迟早、降水量大小对发病都有影响。初发病时叶片边缘出现橙黄色至浅褐色斑块，后向中脉扩展，造成整株叶片逐渐枯萎和死亡，见图5-4~5-6。该病原细菌在根茎内或土壤中越冬，带菌病株是主要初侵染源，并可借助花卉调运进行远距离传播。在田间该病借灌溉水、地面流水、螨、线虫和雨水溅射传播蔓延。病菌由根茎部伤口侵入，从薄壁组织进入维管束即迅速扩展，终至全株枯萎。

图5-4　叶片侵入早期症状

图5-5　受害叶片症状

图5-6　致死幼苗

防治鹤望兰青枯病的方法：①用无病种子或无病种苗繁殖；②发现病株及时拔除；③尽量减少伤口和叶面淋湿时间；④发病严重时每株浇灌硫酸链霉素3000倍液，每株0.5升，也可喷洒30%氧氯化铜800倍液或30%的碱式硫酸铜400~500倍液或1:1:160倍波尔多液或72%农用链霉素1000倍液或医用硫酸链霉素3000倍液。

三、鹤望兰炭疽病

鹤望兰炭疽病是半知菌刺盘孢属的真菌侵染所致，主要危害叶片和茎秆，病斑呈圆形，边缘红褐色，中央褐灰色平展。起初病斑不下陷，后期在病斑上可见轮生小黑点，见图5-7。一般上半年老叶发病，下半年新叶发病。病原菌以菌丝体在病叶、病残体上越冬，翌春借风雨和昆虫传播，条件适合时，分生孢子借雨水和淋水溅射传播，从伤口侵入，进行初浸染和再浸染。湿度过大或滞留在湿度较高的环境下时间过长时易发病，盆内积水、通风不良时发病加重。

图5-7　鹤望兰受害叶片

防治鹤望兰炭疽病的方法：①盆栽的鹤望兰应置于通风透光处，不能放置过密；②发病前喷施1%的波尔多液或用65%代森锌可湿性粉剂800倍液预防；③发现病叶后沿边缘剪除，集中烧毁或深埋；④剪除病叶后的伤口处涂抹或喷淋25%的炭特灵可湿性粉剂500倍液或40%的多硫胶悬液500倍液；⑤发病后喷施75%甲基硫菌灵1000倍液防治或70%氧氯化铜悬浮剂1000倍液或25%使百克乳剂800倍液或喷施50%克菌丹500倍液。

四、鹤望兰根腐病

鹤望兰根腐病是由藤仓赤霉菌（子囊菌门真菌）侵染所致。低温高湿有利于其发病。该病可由种子传带。初发病时，地上部稍端生长缓慢，根和茎部的蘖芽变成褐黑色腐烂，经过一段时间，植株枯萎，叶片变成稻草色；拨开土中根后，可见维管束有褐色或红色条纹斑状病变。孢子为主要侵染源，病菌从根部伤口入侵，以后在病部产生分生孢子，借助雨水或浇灌水传播，进行再侵染。根基部发生腐烂，致使植株枯萎死亡。此外，由于鹤望兰具有粗大的肉质根，如果土壤通透性差，就会引起烂根，冬季气温低于5℃时烂根容易转化成根腐病。

防治鹤望兰根腐病的方法：①发现病株及时拨除，并集中烧毁，减少侵染源；②栽植前进行土壤消毒。用58%苯来特1000倍液处理土壤，或在栽植时浇施50%克菌丹、50%多菌灵500倍液；③种苗用40%乙磷铝800倍液浸根10分钟，取出阴干后再上盆；④发病初期喷洒或浇灌50%立枯净可湿性粉剂800倍液、50%苯菌灵可湿性粉剂1000倍液，也可将上述药剂配成药土，洒在茎基部。

五、鹤望兰灰霉病

鹤望兰灰霉病系半知菌类葡萄孢属的真菌侵染所致。病菌主要发生在叶片、叶柄、花上，初发病时病斑暗绿色至暗黄白色小斑，水渍状，在高温、高湿条件下，病斑迅速发展，呈褐色不规则状，以致大片腐烂，并长出灰色霉层，干燥时病呈灰褐色。被害花瓣病斑散生、较小、圆形至椭圆形，病斑边缘色较深，中部为黄褐色水渍状坏死，发展后期花梗败花上布满灰色霉层。气温在15℃左右，湿度在90%的情况下形成灰霉层，并产生大量的分生孢子，

借助风雨昆虫传播，或在有伤口的条件下迅速侵入感病。栽植过密、湿度大、光照不足或偏施氮肥、植株生长柔弱易发病。

防治鹤望兰灰霉病的方法：①针对病害经常发生在潮湿环境下，加强通风透光。在多雨季节，用波尔多液喷雾2~3次，保护新叶和花蕾，防止发病；②在秋季和早春可进行换土，增施钾肥，以利于植株健康生长，提高抗病能力；③及时清除病残体，减少病原积累；④发病期间，喷洒80%敌菌丹可湿性粉剂500倍液、或75%百菌清500倍液、或50%托布津500~800倍液、或50%多菌灵1000倍液。

六、鹤望兰灰斑病

鹤望兰灰斑病是半知菌类小孢叶点霉菌侵染所致。主要危害叶片，受害病叶上病斑形状不规则，病斑周围褐色细线，中央灰白色或灰中透黑，后期病斑略凹陷，病斑上生出稀疏的黑色小点，较炭疽病小黑点稍大。病菌以菌丝体和分生孢子器在病叶组织中越冬，春季条件适合时，在分生孢子器中产生分生孢子，借助风雨传播危害，在湿度较大时容易发病。夏秋季发生较多，生长势衰弱的植株较易染病。

防治鹤望兰灰斑病的方法：①加强栽培管理，施用有机肥，严格控制湿度，养护中避免造成植株伤口，加强通风透光，增加叶面喷水，保持叶面洁净和湿润；②及时清除病叶，集中销毁；③发病初期，喷洒1:1:160波尔多液或50%退菌特可湿性粉剂600~800倍液，每隔10~15天喷一次，连续喷2~3次。

七、鹤望兰斑枯病

鹤望兰斑枯病是由半知菌类真菌枇杷茎点霉菌侵染所致。主要危害叶片，开始时在叶上生灰白色枯斑，边缘生褐紫色线圈，较灰斑病明显宽，其上许多黑色小粒点是病原菌分生孢子器。病原菌在病叶上越冬，春天条件适合时，借助风雨传播，潜伏期5~7天后进行初侵染和再侵染，使病害不断扩展，植株生长衰落和盆土偏碱易发病。病原菌生长适温25~30℃。

防治鹤望兰斑枯病的方法：①精心养护，使植株健壮。剪去发病叶后用30%碱式硫酸铜悬浮剂300倍液涂抹伤口或剪口；②发病初期开始喷洒30%碱式硫酸铜悬浮剂400倍液或70%代森锰锌可湿性粉剂500倍液，每隔7~10天喷药1次，连续2~3天。

八、鹤望兰褐斑病

鹤望兰褐斑病系真菌性病害，病菌存活在栽培基质内及植株病残体上，借助浇水、人为操作等传播，多从生长衰弱和有伤口的叶片上侵染危害。发生在叶片上，病斑初期为褐色斑点，周围有黄色晕圈。扩展后病斑呈不规则状，边缘红褐色，内褐色，后期病斑黑褐色，收缩，并出现黑色粒状物。高温高湿环境下发病严重。

防治鹤望兰褐斑病的方法有：①加强养护，增施磷钾肥，提高植株生长势；②栽培基质应严格消毒，可选用必速灭土壤消毒剂熏蒸基质，覆膜封闭数日后使用；③发病初期，喷洒 1000 倍五氯硝基苯杀菌剂和 1500 倍液烟参碱杀虫剂混合液。

九、鹤望兰日灼

鹤望兰日灼是非侵染性病害，主要危害叶片，叶面上产生浅白色不规则形灼斑，边缘明显，前期至中期叶面一般不长霉层，但到后期常附生第二病原物。主要由夏季阳光直射引起，致使植株体内及盆土中水分供应满足不了蒸发对水分的需要，轻者造成局部日灼，重者扩展叶片 1/3~1/2。

防治鹤望兰日灼的方法有：①选择适当的培养土，要求通透性好，防止烂根；②冬季温度应保持在 12℃以上，阳光充足，但阳光过强时需适当遮阴，忌长时间烈日直射。夏季应养护在遮阳网棚室内，不宜长期暴露在日光下，高温季节要及时浇水，浇水应间干间湿一次浇透；③保持土壤 pH 为 6.5~7.0，北方水质偏碱，夏季每 15 天左右浇 1 次硫酸亚铁，每 15 天施 1 次稀薄液肥，抽出花梗后，施用硫酸二氢钾 2~3 次。

十、鹤望兰叶片卷曲和焦边

鹤望兰原产于非洲南部亚热带地区，性喜阳光充足、温暖、湿润的环境。虽然它比较耐旱，但是我国北方空气干燥、蒸发较快，一旦缺水叶片即出现卷曲和焦边。

防治鹤望兰叶片卷曲和焦边的方法有：①选择适宜的培养土，要求土壤通透性好，防止烂根；②冬季温度应保持 12℃以上，阳光充足，忌长时间烈日直晒；③叶片大，夏季进入生长旺盛，需水量多，浇水应间干间湿，一次浇透，每天清水喷叶或向地面洒水，提高空气湿度。北方水质偏碱，夏季每 15 天左右浇 1 次硫酸亚铁。

十一、鹤望兰"鞭状症"

鹤望兰"鞭状症"病症表现为：植株高低参差不齐，整体株高变矮，株叶鞭状畸形，相邻株间病状相似，叶肉严重退化缺失呈长剑鞭状等畸形，长势差，叶片呈失水萎蔫状。

防治鹤望兰"鞭状症"的方法是：及时抗旱排涝，并施用钼肥配合施中性不含硫的尿素、磷酸二氢钾，以矫治鹤望兰鞭状叶的发生。

第二节　常见虫害及防治

一、朱砂叶螨

朱砂叶螨又称棉红蜘蛛，属蜱螨目叶螨科，分布于全国各地，是世界性的害螨。被害叶初呈黄白色小斑点，严重时叶片卷曲，枯黄脱落，影响生长和不开花。成螨体长 0.5~0.6 毫米，雌螨卵圆形，朱红色到锈红色，或黑褐色；雄螨略成菱形，淡黄色，体长略小。北方主要以雌螨在土块缝隙、树皮裂缝及枯枝落叶处越冬，南方主要以成螨、若螨、卵在寄主植株及杂草上越冬。翌年春暖气温上升到平均7℃以上时开始活动取食、繁殖危害植物。喜欢群居在叶背取食，高温干旱季节有利于此螨大发生。

防治朱砂叶螨的方法：喷洒 20% 三氯杀螨乳油 800 倍液或 73% 科曼特乳油 2000 倍液或 20% 杀螨酯可湿性粉剂 600~800 倍液。

二、温室白粉虱

温室白粉虱属同翅目粉虱科，分布于温室，是园艺作物的重要害虫。寄主植物广泛，可达200多种。以成虫、若虫、刺吸鹤望兰的嫩叶汁液，分泌蜜露，堆积于叶上引起煤污病，影响光合呼吸作用，导致叶片萎蔫变黄，甚至死亡。成虫体长 1.5 毫米左右，淡黄色，翅面覆盖白色蜡粉；若虫长椭圆形、扁平、淡黄绿色。在温室的保护设施中，1 年可以发生 10 多代。温室白粉虱的生长发育、繁殖与温度有关。卵发育的起点温度为 7.2℃，生存最适温度 20~28℃，30℃以上卵、幼虫死亡率高，成虫寿命缩短，产卵大幅减少，甚至不繁殖。所以夏季凉爽，冬季越冬环境较好的地区发生较多。

防治温室白粉虱的方法：色板诱杀，在植株的上方 10 厘米处，挂插黄色塑料板，板上涂刷 1 层重机油，可以适当的摇动受害的植株使其受惊飞翔，以增加其黏杀作用；或者在植株上挂塑料条以拒避成虫侵入；也可以药物喷杀，喷施 50% 杀螟松乳油 1000 倍液，或 25% 扑虱灵可湿性粉剂 1500 倍液。

三、考氏白盾蚧

考氏白盾蚧属翅目盾蚧科（图 5-8），分布于我

图 5-8　云南一苗圃的蚧壳虫

国南方广东、广西、江西等地以及北方温室。成虫、若虫固定在小枝、叶片上刺吸汁液，致使叶片褪绿，呈现黄色斑点，分泌蜜露，导致煤污病发生。枯叶变黑，引起早期落叶，甚至死亡，降低观赏价值。雌成虫介壳呈梨形或近圆形，雪白色；雄虫介壳银白色，长形；若虫初孵为黄绿色，卵形，分泌白色蜡丝。以若虫、雌虫越冬，雄虫多群居，雌虫多散居。

防治考氏白盾蚧的方法有：①结合整枝，除去并烧毁有虫叶片，或用竹片等刮去叶片上的虫体，对初孵幼虫用 40% 乐果乳剂 1000 倍液；②夏季高温，为介壳虫活动期，可用 800 倍亚胺硫磷药液，每周喷洒 1 次防治；③当介壳虫在鹤望兰上已形成蜡被，用药物治疗很难见效时，可以用米汤防治，把新熬的大米汤晾凉，加入少量洗衣粉，兑水约 150 倍，然后将混合液均匀地刷在鹤望兰病叶的正、背面及叶柄上，虫体因被大米和洗衣粉糊所覆盖，逐渐窒息而死。一周后结合喷水，可使死虫脱落；④室内发生时，最好用人工的办法摘除。

不同地区有不同蚧壳虫，可参考防治。

四、铜绿丽金龟

铜绿丽金龟又名铜绿金龟子，属鞘翅目丽金龟科，成虫椭圆体背为铜绿色，分布于河北、山东、江西、浙江等地。成虫常聚集在植株上啃食叶片、花朵等，使叶片残缺不全甚至仅留下叶柄，影响鹤望兰的生长发育和观赏价值。1 年发生 1 代，以 3 龄幼虫在土中越冬，次年 5 月份开始化蛹，6~7 月份成虫出土危害，7 月中旬后逐渐减少，8 月中旬终止。成虫多在傍晚 18~19 点飞出，交尾产卵，20 点以后开始危害植物，凌晨 3~4 点回到土中潜伏。成虫喜欢栖息在疏松、潮湿的土壤中，深度约 6~7 厘米，成虫有较强的趋光性和假死性。7 月幼虫开始危害植物的根部。

防治铜绿丽金龟的方法有：①6 月中上旬危害期，喷洒 50% 西维因可湿性粉剂 500~600 倍液或 50% 马拉硫磷乳剂 1000 倍液；②在室内可以用成虫假死性，在傍晚诱杀或人工捕抓。

五、大袋蛾

大袋蛾不仅取食鹤望兰的叶片，还能咬食花序的佛焰总苞片、萼片、花瓣及花葶。以老熟幼虫在护囊内越冬，越冬幼虫于翌年 5 月上旬化蛹，5 月中旬成虫盛发，雌蛾多于雄蛾。幼虫具有明显的趋光性，一般多群集在梢头进行危害。1、2 龄幼虫多取食嫩叶叶肉，造成半透明的小点；3 龄后食量大增，将叶片咬成孔洞或缺刻，甚至仅剩叶脉，并咬食花莛、花苞和花瓣，使花序残破不全；7~9 月幼虫老熟，在护囊封口前危害性最烈，11 月上旬幼虫开始越冬。干旱年份容易猖獗成灾，干旱时间越长危害越严重。湿度大时影响幼虫孵化，并会引发大袋蛾的流行病，造成幼虫大量死亡。

防治大袋蛾的方法有：①摘除越冬虫囊。结合田间管理，人工摘除大袋蛾的护囊，可大大减少越冬虫源。同时在雌成虫产卵盛期摘除护囊，并集中处理。②黑光灯诱杀。大袋蛾的雄成虫有较强的趋光性，利用灯光诱杀雄成虫，雌成虫不能产生受精卵，而减少幼虫发生量。③保护天敌。有多种寄生蜂和寄生蝇对大袋蛾幼虫阶段有明显的抑制作用。在摘除护囊时，可用手捏，既灭除了成、幼虫，又保护了天敌；或在使用药剂时，少用杀虫广谱的农药而改用 BT 乳剂等生物类农药，可免伤其天敌。④化学防治。在初龄幼虫期，即护囊米粒大小时，及时喷药杀灭。常用药剂有：90% 晶体敌百虫或 50% 马拉硫磷乳油 1000 倍液；20% 灭多威乳油、25% 广克威乳油或 40% 新辛乳油 1500 倍液；5% 来福灵乳油 2500 倍液。鉴于大袋蛾有护囊保护，药剂难以渗透，喷药时间宜在上午 9 点前或傍晚幼虫取食时进行，能更好地发挥药效；另外，喷药量必须充足，务必使护囊和叶背充分湿润。

第六章　鹤望兰的生产

第一节　引种栽培概况

在 20 世纪 60 年代后期，鹤望兰才从日本和欧洲引种到我国。蔡邦平、王振忠（2002）记载厦门植物园从 60 年代开始引种，1977 年出版的《江苏植物志》（上册）便记载江苏公园温室有鹤望兰栽培。60~80 年代初一直没有广泛栽培。

1985 年姚君北、黄玲燕在《花卉栽培讲义》中介绍鹤望兰在我国南北各地园林均已引入栽培。有文献记载的引种记录如下。

1981 年 12 月 8 日广州市与美国洛杉矶市缔结为友好城市，该市市长汤姆·布雷德利将鹤望兰种子赠予来访的广州市长梁灵光，祝愿中美人民友谊之花在花城盛开，友谊种子经王光孝播种，悉心栽培，于 1987 年 7 月 5 日绽放。

1983 年北京园林科研所曾培育出鹤望兰小苗（欧国菁 1990）。

1984 年湖北省林业种子公司（现湖北省林业种苗管理站）从中国林木种子公司引进产地为美国的鹤望兰种子，当年 10 月和次年 3 月两次在塑料大棚繁殖育苗池中育苗成功，共获苗 2000 余株。1985 年秋季移栽进行盆育并引种到全省，自留 1200 余盆，于 1990 年始花，1993 年建立 500 多平方米的鲜切花生产基地，并于 1994—1995 年产出 1000~2500 支鲜花。武汉市花木公司于 1985 年春从新西兰引进一批鹤望兰种子，在公司基层各单位进行试播，取得成功。

1985 年冬浙江省林业厅种苗花木场从日本引进鹤望兰种子 30000 粒，进行引种育苗与栽培试验。经 5 年努力，培育出健壮苗木 9034 株，采用塑料大棚扩种 2450 平方米。于 1989 年 5 月始花，当年累计生产鲜切花 2990 支。供应市场后取得较好的经济效益与社会效益，成为国内首家大规模的鹤望兰切花生产基地。摸索出一套鹤望兰生产性种植的育苗与栽培技术。1990 年底以"鹤望兰引种栽培及开发利用的研究"为题组织了成果鉴定并荣获浙江省科技进步三等奖。之后郭康到深圳四季青鲜花公司任职，在深圳建立了鹤望兰鲜切花生产基地。

苏州花卉中心于 1985 年冬从美国进口一批鹤望兰种子，1986 年成功育苗 7316 株，1989 年 8 月 17 日现第一支花。随后上海花卉良种试验场也相继建立了鹤望兰鲜切花生产基地。

之后国内许多单位纷纷开始引种栽培鹤望兰。1986 年天津市园林绿化研究所从南非国家植物园引进鹤望兰 6 个优良品种试种。1987 年兰州花木公司从广州引入 1863 粒种子，出苗率 79%。1991 年吉林农业大学，1992 年吉林农垦特产专科学校，1993 年舟山市林科所，1993 年遵义市一中，1994 年太原市园林科研所，1996 年福建省亚热带植物研究所（厦门）等地分别引入了鹤望兰。2001 年 9 月下旬贵州省柑橘科学研究所（罗甸）引进鹤望兰播种的实生苗。2003 年 3~4 月广西植物研究所分别从广州、深圳、厦门累计引进 2731 棵鹤望兰苗建立 1008 平方米的鹤望兰鲜切花生产基地。

喜爱鹤望兰的个人与从事鲜切花生产企业也逐渐形成规模。1989 年 2 月广州刘国显等从香港引入种子，培育 1 万多株，定植 4 亩。番禺郭顺荣从 1992 年开始试种 3.5 亩，之后发展到 50 亩，建立番禺鹤望兰花木场供应广州岭南花市，见图 6-1。至 2003 年广东珠三角地区种植鹤望兰已达 450 亩，其中大部分集中在广州的天河、番禺、白云、增城、黄埔等区。1998 年福州多芬园艺公司从台湾引入 25000 株鹤望兰苗，建成生产基地。1999 年 3 月云南元江首次批量引入鹤望兰种植后，经过 4 年发展，种植面积达到 500 多亩。其次，云南的昆明、河口、西双版纳等地也有相当面积的种植。

总体来说，我国引入鹤望兰时间较晚，在 20 世纪 60~70 年代从日本和欧洲引种起，主要以盆栽为主；到 80 年代从荷兰、日本、美国、南非等国引种才开始慢慢普及，成为当时最时兴的室内花卉之一。我国各地相继对鹤望兰的繁殖、栽培、病虫害防治等方面进行探索研究，取得了可喜的成果。同时开始了鲜切花的规模化生产。进入 21 世纪，江苏、云南、福建、海南、浙江、广东、广西、天津、北京、山东等地都建立起了具有一定规模的鹤望兰生产基地，以广东、云南、福建、海南规模较大（图 6-1~6-3）。

图6–1　广东番禺鹤望兰花木场

图6–2　云南缤纷园艺鹤望兰鲜切花生产基地

187

图6-3　鹤望兰成年栽培植株

　　我国南北均把鹤望兰作为名贵观赏花卉栽培，在华东地区的福建厦门以南、华南地区以及西南地区的云南等热带亚热带地区，既可地栽，亦可盆栽；在厦门以北及岭南以北地区，如武汉、杭州、上海、北京等地则作为温室观赏花卉保护性栽培。作为新兴的珍稀花卉品种，我国也已成为鹤望兰重要的鲜切花和盆花生产基地，华南地区园林绿化中也时常可见鹤望兰、尼古拉鹤望兰的倩影。

第二节　鲜切花生产

鹤望兰是世界著名的热带花卉，为世界十大名贵鲜切花品种之一，单枝售价为各类鲜切花之冠，素有"鲜切花之王"的美誉。

在我国，鹤望兰与红掌都是较为昂贵的鲜切花品种。一直维持较高价格。早年 2002~2005 年的春节前后，每支平均售价在 18~30 元，其他季节也保持在 5~8 元，之后随着各地产量增加价格有所下降，目前批发价仍在每支 3~5 元或以上。

由于种植鹤望兰一次性投入较高，见效慢，尤其是前期 1~4 年中基本只有投入没有产出，使得鹤望兰的生产受到较大限制。鹤望兰的寿命长达四五十年，一旦投产之后，可以持续二三十年以上的高产期，因此，加强生产技术管理，争取达到高产稳产，仍然可以取得较高的经济效益。

一、鹤望兰切花产花调控

冬春季，特别是春节前后是鹤望兰鲜花消费的旺季，市场鲜花价格较高，适当促进冬春季鲜切花产量和质量，适应市场旺盛的需求，可以提高全年的经济效益。因此，对鹤望兰不同季节的鲜切花的产能进行适当调控很有必要。

厦门华侨亚热带植物园对 3 年生以上鹤望兰已开花的成年植株进行了有关的切花产花调控试验，结果如下。

1. 鲜切花质量与产量的关系

同一丛鹤望兰鲜切花的质量与产花量有一定的关系，年产花量大于 20 支 / 丛的植株，其鲜切花的商品花率、一级花率明显低于年产花量 10~19 支 / 丛的植株。年每丛产花量 10~19 支 / 丛的植株，其鲜切花的质量最佳（表 6-1）。

2. 夏季植株遮阴对切花产量和质量的影响

夏季植株遮阴处理对鲜切花产花数量影响不明显，而对鲜切花质量影响较大，遮阴处理植株夏季所产鲜切花的一级花率明显低于对照。但夏季植株遮阴能减轻鹤望兰植株和叶片受夏季强烈阳光及高温的暴晒和灼伤，保持植株生长良好，有利于冬春季切花产量和质量的提高（表 6-2）。

表 6-1　同一丛鹤望兰鲜切花质量与产花量的关系

年产花量（支 / 丛）	占观察丛数（%）	商品花率（%）	一级花率（%）
≥30	5.0	73.5	22.5
20-29	20.0	71.2	38.9
10-19	41.7	80.4	45.7
0-9	33.3	70.7	28.6

表 6-2　夏季遮阴对切花产量和质量的影响

处理	切花产量（支 / 丛）	商品花率（%）	一级花率（%）
遮阴	7.1	81.1	11.3
未遮阴（CK）	6.9	90.3	32.0

3. 夏季控肥对鲜切花产量和质量的影响

夏季控肥对鹤望兰鲜切花产量和质量均会产生影响，控肥期间的产花量、商品花率、一级花率明显低于对照。夏季控肥可减少该阶段肥料投入成本。减少鹤望兰夏季鲜切花的产量和质量可以最大程度积蓄营养，以促进冬春季切花产量和质量的提高（表 6-3）。夏秋季为鲜花消费淡季，市场花价低，适当减产也能节省部分生产成本，从全年的经济效益来看，得大于失。

表 6-3　夏季控肥对鲜切花产量和质量的影响

处理	切花产量（支/丛）	商品花率（%）	一级花率（%）
控肥	7.9	65.5	14.3
正常管理（CK）	10.5	80.9	39.5

4. 冬春季田间搭薄膜拱棚对鲜切花产量和质量的影响

冬春季田间搭薄膜拱棚能明显促进鲜切花产量的提高，尤以小拱棚的效果最佳，其鲜切花产量比对照明显增加了 300%。露地植株所产鲜切花的质量虽高，商品花率可达 100%，但产花数量少，一定程度上影响其经济效益。以每亩种植 500 丛鹤望兰苗，冬春季鲜切花一级花价格平均为 5 元/支、其他级别花价格为 2.5 元/支计，则此期间鲜切花产值比对照可提高 223.3%，同时也可以更好地满足市场需求。且简易薄膜小拱棚取材及搭盖容易，成本低，保温促花效果好，适合南亚热带地区广大农村种植户采用（图 6~4，表 6-4）。

图 6-4　福建鹤望兰生产大棚

表 6-4　冬春季田间搭薄膜拱棚对鲜切花产量和质量的影响

处理	切花产量（支/丛）	商品花率（%）	一级花率（%）
大棚	3.2	60.0	28.0
小棚	4.0	75.0	41.7
露地（CK）	1.0	100	44.4

5. 冬春季夜间光照对鲜切花产量和成苞至采收天数的影响

表 6-5、表 6-6 表明，冬春季夜间光照对鲜切花产量及花苞形成至鲜切花采收的时间长短影响不明显。

表 6-5　冬季夜间光照对鲜切花产量和质量的影响

处理	2月产花量（支/丛）	3月产花量（支/丛）	4月产花量（支/丛）	5月产花量（支/丛）	合计（支/丛）
夜间光照	1.3	1.5	2.3	1.5	6.6
未光照	1.2	1.7	2.0	1.8	6.7

表 6-6　冬春季夜间光照对成苞至采收天数的影响

成苞日期	夜间光照成苞至采收天数（天）	未光照（CK）成苞至采收天数（天）
1月28日	70.2	71.0
2月10日	63.6	65.4
2月22日	70.5	75.2

二、鹤望兰鲜切花采收技术

（一）鲜切花的采收技术

1. 采收标准

鹤望兰鲜切花的采收标准与其他植物一样，主要考虑季节、环境条件、采前生理状况、距离市场远近、消费者的特殊要求、货架期等。鲜切花在采收前一般经历两个不同的发育阶段，即蕾期到充分开放和开放到成熟衰老阶段。采收过早，花朵不能正常开放，用手工的方法机械地抨开后，不仅颜色不鲜艳，而且花期也变短。采收晚了，鲜切花的寿命会变短，流通过程中的损耗会过多。

为了既保证鲜切花充分开放、又不影响品质，若是供应近距离市场，尽量选择在化雷期采收切化，不仅可以缩短鲜切花的生产周期、提早上市、提高温室的利用率、降低病虫害，而且方便采后的储藏和运输，降低鲜切花在流通过程中的损耗，降低对乙烯的敏感性，最终降低生产成本。若鲜切花需要远距离运输，采收的最好时间是在第 1 朵小花刚刚开放的时候，甚至更早一些时间，既能保证花苞中的其他小花能在以后开放增加观赏的时间，又能降低运输中的消耗。若将鲜切花直接运输到本地客户且立刻使用，可选择在一朵小花开放一段时间后，第 2 朵花开放或刚刚开放的时候，这时的观赏效果最佳。不同的国家和地区有不同的习惯和标准，日本、荷兰、中国大陆是在鹤望兰花序中第 1 朵花开花（上萼片打开，下萼片和雌蕊未开）时候采切，我国台湾地区是在佛焰苞见到颜色时采切。

2. 采收的时间

在一天中，通常采收时间分为上午、下午、傍晚。

上午采收可保持鲜切花的细胞高膨压，鲜切花含水量最高，不会造成鲜切花的萎蔫，同时未经当日高温和强烈阳光的直晒，但由于这时空气湿度常常比较大，容易受病虫害感染。对大多数需要远距离运输的种植者来说，上午采收后进行预处理，下午运往机场，第二天早上鲜切花就能够到达客户的手中为最好。下午采收的优点是经过一天的光合作用，积累了较多的碳水化合物，鲜切花的质量较高，空气的湿度较小，切口不容易受病虫害侵染，但由于温度高、光照强，鲜切花容易失水萎蔫。对于近距离运输的种植者来说，下午采收鲜切花后，进行预处理，第二天上午可以送到客户的手中或到拍卖市场拍卖是合适的。另外，对很多种植者来说，傍晚往往是最好的采收时间，此时鲜切花经历了一天的碳水化合物的积累，鲜切花的质量较高，环境温度不高，湿度不高，十分利于采收。尤其在夏季，傍晚8点左右是采收的好时候，甚至有时可以在清晨4~5点起来采收，不经过处理就直接上市，但这样容易导致一些花苞不能正常开放。对于大规模生产企业来说，由于考虑到人工费用和操作的方便程度，通常选择在早晨或气温较低的时候进行采收。

3. 采收的方法

通常用剪刀剪切花茎时有两种切法：一是斜切；二是平切。虽然鹤望兰花茎是蜡质的，不容易吸收水分，但是由于它的导管比较发达，吸收水分比较容易，一般采用平切。采收用的剪刀要求锋利，切口平整，避免挤压茎部，引起汁液渗出，进而引起微生物侵染，堵塞茎部导管，对花枝吸收水分不利，影响插花观赏期的缩短。另外，切口平滑减少了留在母株上的切口受到病害感染的机会。因此，在每次使用前，须先检查剪刀是否生锈、有缺口，每次使用后涂上少许油，防止生锈。

花枝长度是鹤望兰鲜切花等级的重要指标之一，因此采收时最好是在花茎基部贴近土壤处切，避免造成可采收到鲜切花降级而减少收益；同时残留过长花茎，当空气湿度较大的时候，容易受到病虫害侵染，影响植株生长。

（二）鲜切花的预冷技术

预冷技术是通过人工措施将鲜切花的温度迅速减低到所需的温度，以降低鲜切花枝呼吸的活性、延缓开花和衰老进程、减少水分损失，保持产品新鲜、抑制微生物的生长、减少病虫害，这个过程也称为除去田间热气。鹤望兰鲜切花一般需降到7~8℃，新采收的鲜切花应立刻放到干净的水中或者预处理液中，并及时运到冷库中进行预冷，以免过多地消耗植株的营养。通常采用的预冷方式为冷库空气预冷，将鲜切花放在冷库中，通过自然对流的方式预冷。但由于预冷时间长，鲜切花在整个过程中都暴露在空气中，水分的损失很大，在实践中，常将鹤望兰放在预处理液中，吸收预处理液和预冷同时进行。另有强制通风预冷、压差通风预冷、真空预冷等预冷方式。

（三）分级和包装

在市场上，鹤望兰鲜切花的分级是通过花苞、花枝、花色、损伤、花形、病虫害、采切等方面标准区分，一般分为4级。一级标准为：花枝长度超过90厘米以上、粗壮、挺直、有韧性、粗度达到9毫米以上；花苞大、饱满，整体感好；产品新鲜，花色纯正有光泽，无病虫害和损伤。二级标准为：花枝长度在80~90厘米、粗壮、挺直、有韧性、粗度达到8~9毫米；花苞较大饱满，整体感觉好；产品新鲜，花色纯正有光泽，基本无病虫害和损伤。三级标准为：花枝长度70~80厘米、较粗壮、略有弯曲、粗度达到6~8毫米；花苞饱满中等，整体感一般；产品较新鲜，花色纯正有光泽，有轻微病虫害和损伤。四级标准为：花枝长度70厘米以下、较细弱、有明显弯曲、粗度达到6毫米以下；花苞不饱满，整体感觉一般；花色稍有褪色，有较明显的病虫害和损伤。分级的方式可以通过机器先对花茎的长度和粗度分级，其他的指标通过人工选择，或直接进行人工分级。

经过分级后的鹤望兰需进行包装，以避免储运过程中的机械损伤、失水、温度变化过快等不良环境的胁迫，同时好的包装也可引起顾客的购买欲望。通常的做法是将每1枝切花的花头用玻璃纸包装好，同一级别的切花5~10枝一束捆好，花茎的底部用橡皮筋绑紧，整束花枝卷上一层透气保湿纸捆扎。

（四）储藏和运输

预处理、分级、包装后的鹤望兰鲜切花可以在冷库中干藏保鲜，设置相对湿度为90%左右、温度在8~10℃干藏。过高的温度将导致开花过快，低温贮运有利于鲜切花的保鲜，但经这样低温处理后第2

花开放率会小于常温贮运的开放率。同时应避免与水果、蔬菜一同储藏，因果蔬产生大量的乙烯会加速鹤望兰鲜切花的衰老，缩短观赏期。

根据运输距离的远近分为长距离运输、短距离运输和就近批发。当需要长距离运输时，花品的外包装十分重要，因为在运输过程中温度变化、湿度、机械损伤、微环境的气体等对产品的品质有致命的影响。对鹤望兰鲜切花来说，由于有比较厚的蜡质，失水较少，主要的影响因子为温度和包装材料。因此，装箱操作应在冷库中进行，花头靠近两头，分层交替放置于包装箱中，箱中空隙处填充塑料碎屑或碎纸，防止运输过程中被挤压。

（五）保鲜剂处理

保鲜剂是用来调节鲜切花生理生化代谢，达到调节切花的开花和衰老进程、减少流通损耗、提高流通质量的化学药品。根据用途可分为预处理液、开放液（催花液）、瓶插液。使用保鲜液的鹤望兰鲜切花平均观赏期比不使用保鲜液的鲜切花观赏时间长 9~11 天。

预处理液是在鹤望兰鲜切花采收后 24 小时以内进行，即种植者在采收后到出手前进行，以减少流通过程中的损耗。可用 10% 蔗糖 +25 mg/L 8~HQC+150 mg/L 柠檬酸；或用 2 μL/L 新型乙烯抑制剂 1- 甲基环丙烯（1–MCP）熏蒸处理，2μL/L1–MCP 对鹤望兰鲜切花贮运保鲜的最佳熏蒸模式为冷藏贮运(12℃)熏蒸 6 小时，而常温（25℃）贮运下熏蒸 6 小时，是经济、有效、方便的模式。

开放液是指将蕾期采收的鹤望兰鲜切花强制性地促进开花的保鲜剂，常用于气候冷凉的季节、长期储藏或长距离运输后花蕾不易开放的切花。开放液配方为：250 mg/L 8–HQC + 100 g/L 蔗糖 + 150 mg/L 柠檬酸。

瓶插液是为了提高切花瓶插的质量，延长插花寿命的保鲜剂。常用于零售店在鲜切花销售以前或消费者将鲜切花插到花瓶中时。瓶插液配方有：10% 蔗糖 + 25 mg/L 8–HQC + 150 mg/L 柠檬酸；也可以用 4 mg/L 蔗糖 + 250 mg/L 8–HQC + 200 mg/L 柠檬酸 + 25 mg/L AnNO$_3$ + 100 mg/L CoSO$_4$ + 25 mg/L EDTA·Na + 250 mg/L B$_9$。

第三节　盆花与绿化苗木生产

一、鹤望兰盆花生产

目前国内鹤望兰的盆花生产规模不大，本书第三章鹤望兰的栽培里介绍了盆栽技术。鹤望兰可通过播种直接从小苗开始培养盆栽，有利于培育株形优美的盆栽产品，但生产周期较长。也可以与切花生产相结合，通过分蘖分株或直接挖成年地苗上盆培育。

尼古拉鹤望兰的盆花则一般通过小苗开始培育，但如果符合分株条件，分株体量适合的也可考虑分株扩繁（图6-5~6-7）。

图6-5　鹤望兰盆花

194

图 6-6　尼古拉鹤望兰盆花培育

图 6-7　尼古拉鹤望兰成年盆花

195

鹤望兰盆花经过几年的种植，成为能够开花的成年植株，就可以考虑上市。根据市场的需要，控制开花时间和开花数量。对需要运输到市场上的已经开花或具有花苞的鹤望兰盆花来说，运输前须经历养护、分级包装、运输、花店的管理等几个过程，在这些过程中，如有一个环节出现问题都将可能对鹤望兰盆花造成毁灭性的伤害（图6–8）。

图6–8　运输前的尼古拉鹤望兰盆花

1. 运输前的养护

盆栽鹤望兰植株开始开花或有花苞就可以准备上市前的养护了。根据季节的不同，在运输前1~2天浇水，浇水可避免在运输过程中植株缺水萎蔫、导致落花落蕾、叶片黄化、降低盆花的品质，但尽量避免在即将起运或运输过程中浇水，这样不仅不方便，而且容易使湿度过大，且在温度低时容易导致发病。施肥可提供持续开花所需要的营养，一般施肥量以维持到开花结束为标准，可以使用缓效肥，时效可达数月。另外，对鹤望兰的叶片进行处理，将叶片清洗干净，打上少量的光亮剂，提高鹤望兰盆花观赏效果以增加商品价值。对长途运输的鹤望兰须预先喷杀菌剂和杀虫剂，由于长距离运输时盆花常常处于黑暗的环境，长时间的缺少光照容易引起叶片的黄化、老叶、花苞脱落，对植株影响很大。同时，可在长途运输前通过降低一段时间的光照对鹤望兰进行驯化。

2. 分级包装、运输

鹤望兰盆花质量标准和其他的盆花类似（表6–7）。由于鹤望兰是大型的盆栽植物，为了运输的方便和避免机械损伤，通常先用塑料薄膜或玻璃纤维包装鹤望兰盆花后，再装到根据盆花大小设计的货架上，保证盆花稳定，减少运输过程中的摩擦和挤压。在运输过程中，须注意车内的湿度，冬季从南方运输到北方须保温，夏季须降温，不要让风直接吹到盆花上面，这样很容易导致盆花萎蔫。

表 6-7　盆花产品等级划分公共标准

评价内容	等级		
	一级	二级	三级
整体效果	外观新鲜，花朵大小和数量正常；生长正常，无衰老症状；符合该品种特性。植株大小与花盆大小相称	外观较新鲜，花朵大小和数量较正常；生长正常，无衰老症状；符合该品种特性。植株大小与花盆大小相称	外观较新鲜，生长正常，植株大小与花盆大小相称
花部状况	含苞待放的花蕾 ≥90%，初花者 10%~15%。花色纯正，无褪色或杂色；花形完好整齐；花枝（花梗、花序、花葶）健壮	盛花者 30%-50%；花色纯正，无褪色；花形完好整齐；花枝（花梗、花序、花葶）较健壮	盛花者 60%；花色纯正，无褪色；花形完好整齐；花枝（花梗、花序、花葶）较健壮
叶茎状况	茎、枝（干）健壮，分布均匀；叶片排列整齐，匀称，形状大小完好，色泽正常，无褪色	茎、枝（干）健壮，分布较均匀；叶片排列整齐，匀称，形状大小完好，色泽正常，无褪色	茎、枝（干）健壮，分布较稀疏；叶片排列较整齐，形状大小完好，色泽正常，略有（或无）褪色。落叶
病虫害	无病虫害	无病虫害	有不明显的病斑迹或虫孔
损伤状况	无折损、擦伤、压伤、冷害、水渍、药害、灼伤、斑点、褪色	无折损、擦伤、压伤、冷害、水渍、药害、灼伤、斑点、褪色	有轻微折损、擦伤、压伤、冷害、水渍、药害、灼伤、斑点、褪色
栽培基质	必须使用经过消毒的无土基质		

3. 花店的管理

鹤望兰盆花到达后，要及时将盆花从车上卸下来，打开包装通风，检查货品的名称、数量和质量，发现有带病、损伤的植株应剔除。鹤望兰经过长时间的运输，一般需要补充水分，过干的基质对根系不利；提供有利于鹤望兰生长的温度、湿度和光照，这样植株才能更好地恢复生长。

二、鹤望兰绿化苗木生产

鹤望兰既可通过播种，从小苗开始培养袋苗，但周期较长；也可以与切花生产结合，通过分蘖分株或直接挖地苗上袋培育，管理技术参考分株繁殖。

第七章　鹤望兰的应用

第一节　艺术插花

鹤望兰在国外早已闻名遐迩，被列为国际"十大切花"之一，其花形奇特，俊美活泼，花态秀雅，似鹤引颈长鸣、飞鹤展翅，又如极乐之鸟在枝头飞舞。在植物界中展现出的"珍禽仙鹤"惟妙惟肖，栩栩如生，当数鹤望兰，那是一种动感十足、观赏价值极高的花材。从植株形态来看，鹤望兰植株疏瘦，株形雅致，总苞紫色，花萼橙黄色，古朴典雅。鹤望兰鲜切花花期长，即便不采用任何保鲜措施，仅水养夏季可达 20 天左右，冬季可达 50 多天。姿态优美、长达两个月花期的鹤望兰，常常在现代插花中唱主角，素有鲜切花之王的美誉，是插花艺术中不可取代的高级花材。在家庭中可以单独插入带有保鲜液或清水的花瓶；也特别适合做花篮、花束装饰中的主花。它是最常用的高档鲜切花之一，常与红掌、马蹄莲、百合等组合用于各种插花。同时可用于装饰婚车，将二支鹤望兰分别作为车前和车顶的主花，构成"比翼双飞"的造型，寓意深刻，充满温馨和浪漫的情调，特别招人喜欢。尤其以三支不等长的鹤望兰作主枝，能造成均衡而又强烈的动势，以表达腾飞、自由、快乐、欣欣向荣之象。即使一支，也有生机勃勃的感受。总之，鹤望兰的观赏风格新颖独特，令人回味无穷。

1990 年，在东京插花博览会上，日本的插花高手铃木苍子，以"落霞与孤鹜齐飞，秋水共长天一色"为主题的插花作品荣获了博览会桂冠。作品以几片枫叶为背景，用数朵黄菊作铺垫，让几截枯枝为陪衬，最后再插上一枝天堂鸟。整个插花作品被淡淡的苍凉所环绕——枫为霞，菊为秋，一只孤鸟正在霞光中翻飞于江水之上，作品的意境与原作非常吻合（图 7-1~7-2）。

中国插花花艺郁泓大师的作品"百鸟朝凤"是鹤望兰为主花材的力作，在 2017 年第十一届中国郑州国际园林博览会荣获金奖。百鸟朝凤旧时指君主圣

图 7-1　作者参观 99'昆明世博会鹤望兰生产企业展馆

图 7-2　非洲馆，香港花卉展览 2004

明而天下依附，后也比喻德高望重者众望所归，出自《太平御览》。作品应用了数百枝鹤望兰，利用鹤望兰独特的花姿及枝条作为架构材料，采用盘扎的技巧固定在支架上，形成有序的空间走向。将鹤望兰枝条挺拔的直线编组成鸟阵盘旋而上的动感曲线，充分表现百鸟飞翔时自然有序的阵势，将朝拜的气势表现出来。鹤望兰盘旋曲线的边缘及转折处应用嘉兰、芍药、乒乓菊等点状花材，着意衬托鹤望兰的鸟状气度，突出异形花材的独特优美。弧形状排列的扎带抽象地表现羽毛的美感，整个作品采用抽象加意像的表现手法，把中国传统文化中左螺旋线条的美感表现得淋漓尽致！见图7-3。

鹤望兰多用于自然式插花，在有些插花作品中，会将两枝高低不同的鹤望兰相对插在鲜花丛中，并且在较高的一枝鹤望兰上装饰上领结，而为较矮的那枝戴上头饰，让一高一低两枝鹤望兰在绿叶鲜花的映衬下，相依相偎，似一对有情人在含情脉脉地互诉衷肠。

另外，鹤望兰的叶片剑形，可以作为切叶使用，还经常用于插花的配材。在西方，鹤望兰的叶片常被制成干叶来销售。见图7-4。

图7-3　作品名：百鸟朝凤，作者：郁泓

图7-4　鹤望兰切叶应用

第二节　室内摆放

图 7-5　温室中的尼古拉鹤望兰主景

鹤望兰叶片挺拔秀丽，四季常青，植株雅致，具清新、高雅之感，花形奇特，花期持久，具有很高的观赏价值。似仙鹤般的优雅花姿，在花卉中再现了珍禽仙鹤的落落英姿，实为大自然所罕见，因此也成为世界上著名的观赏花卉。

不仅可用于插花艺术欣赏和园林造景等，而且可作为一种非常理想的大型室内观赏植物，见图 7-5~7-6。它是优良的盆栽观赏、盆栽陈列植物，适合摆放在宾馆、接待大厅、客厅、餐厅、大型会议室、门侧及房内几案、书架和窗台等处。客厅的空间较大，可以挑选那些体量较大的拼株鹤望兰。它既可营造强烈的视觉感成为室内焦点，庄重大方，又可在家具较少的空间里填补空间，创造温暖的感觉，置身其中使人赏心悦目、心神舒荡，观之称绝，也呈现出大自然造化万物神奇奥妙的力量，因而博得人们所珍爱。鹤望兰还可以用来装饰大会主席台的前台，也可和其

图 7-6　温室中的尼古拉鹤望兰与兰花等构成热带植物景观

他盆花在大厅内组设盆花群,新奇独特,韵味无穷。鹤望兰喜光,宜布置在光线充足处。

鹤望兰寓意美好,被人视为自由、幸福的象征,它寄托着人们的美好愿望,也很适合放在家庭客厅养殖,有很好的风水寓意。

鹤望兰在无花期间也是非常好的观叶观形盆栽,其叶片四季常青,叶面有光泽,似一把出鞘的剑,体态优美。叶丛也庄重大方,充分展示热带景观的主体植物效果,是一种优良的室内盆栽植物,制作盆景更是风格独特。在室内摆放时,不要将其放于靠近灯光或暖气等过热的物品之处,这样会造成枯萎与干叶。而尼古拉鹤望兰等有茎类鹤望兰高大挺拔,壮硕高雅,花朵奇特硕大,幼株或成株均可盆栽观赏,作为大型盆栽植物。见图 7-7。

图 7-7　室内摆放的尼古拉鹤望兰

第三节　园林造景

鹤望兰属用于园林造景方面的种类主要有鹤望兰、尼古拉鹤望兰、白冠鹤望兰。鹤望兰株形丛生，叶似芭蕉，排成扇形，长相粗犷，是典型的热带和亚热带观赏植物，与旅人蕉、红花蕉、芭蕉等花卉共同构成典型的热带植物景观。

在我国北方地区，鹤望兰不能常年在户外存活，用于园林造景的大型鹤望兰类，如尼古拉鹤望兰即使在一些温室中也难得一见，但在世界著名植物园展览温室中它们是必不可少的观赏植物。

在我国南方地区，如福建、广东、海南、广西、香港等地，鹤望兰、尼古拉鹤望兰广泛用作行道树、校园绿化、公园造景、别墅风情。可丛植院角，点缀花坛中心，颇增天然景趣；或列植、片植用于街头、广场、庭院和花坛造景，亭亭玉立，美不胜收；或孤植于空阔的大型草坪等地作为视觉中心的主景植物，显得优雅富贵，颇具热带情调，景观效果极佳。四季常青、花形奇特、花期很长的鹤望兰还是花境的理想植物材料。见图7-8~7-17。

白冠鹤望兰、具尾鹤望兰和棒叶鹤望兰等品种在国外有园林绿化的应用，国内尚未引进，希望未来也能应用在我国园林绿化中。

图7-8　鹤望兰街头绿化

图 7-9　鹤望兰庭院绿化

图 7-10　鹤望兰楼角栽植

图 7-11　鹤望兰片植地被

图7-12 鹤望兰在办公大楼前栽植

图7-13 公园一角的尼古拉鹤望兰

图7-14 建筑一侧的尼古拉鹤望兰

图 7-15　尼古拉鹤望兰庭院列植

图 7-16　尼古拉鹤望兰小区片植

图 7-17　丛植的白冠鹤望兰，高大雄伟

第八章　鹤望兰花文化

第一节　鹤望兰花语

鹤望兰又名极乐鸟花、天堂鸟之花，其花形宛若仙鹤，翘首远望，姿态优美，色彩不艳不娇，高雅大方。

鹤望兰的花语之一是"无论何时，无论何地，永远不要忘记你爱的人在等你"。"佛说五百年的回眸才换来今生的擦肩而过，我愿意用一生的守候换来你的倾心！"鹤望兰很适合赠送给自己的亲朋好友或者所爱之人。

鹤望兰的花语之二是"能飞向天堂的鸟，能把各种情感、思念带到天堂"。希望它能将思念带给去世的亲人，来表达对逝去之人的祭奠以及长久的思念。

鹤望兰的花语之三是"自由、幸福、潇洒、为恋爱打扮的男孩子"。鹤望兰没有开花以前，外表平淡无奇，可是开花之后，高贵的姿态让人惊艳，犹如恋爱中的人们，总会把最好的一面展示给心爱的人，真切地展现出恋爱中男子的精神风貌。

鹤望兰的花语之四是"与相爱的人比翼双飞"。特别是双鸟花并生之势颇有此意，"在天愿作比翼鸟，在地愿为连理枝"。祝福相爱的人能够幸福快乐，亦如仙鹤般展翅飞向远方，飞向自己的爱人身边，有爱你义无反顾之意。

人们赋予了鹤望兰许多寓意。鹤本是一种爱好自由的飞禽，因鹤望兰花形似鹤，因此鹤望兰象征了自由与幸福。鹤望兰还被认为是幸运之花、欢乐之花、吉祥之花。庆祝开业、搬迁，在花篮中插上几枝鹤望兰，有祝福"展翅高飞，鹏程远大"之意；鹤望兰因名字中有"鹤""兰"，也常常用于给老年人祝寿的花篮中配以松枝，有松鹤延年、健康长寿之意；当同事朋友离别或老同志退休，赠与鹤望兰，寓意祝福、思念之意；一枝鹤望兰和非洲菊、小菊、洋兰、满天星、八角金盘、芦苇、鸡尾草等作为花篮，有昂首眺望远方的含义，思念之情不禁使人油然而生；特别是用三支高低不同层次的鹤望兰作主枝配成插花，便具有强烈的动感之势，以表达自由、腾飞、幸福快乐和欣欣向荣、繁荣昌盛之意；因此，在重要公务、商务人士会晤等场面摆放的插花中频频使用。

鹤望兰的别称"极乐鸟花"颇有佛家意境，用于丧事有魂入天堂（极乐世界）之喻意。人们相信有极乐鸟生长的地方，便有极乐的净土，而净土的具体象征便是极乐鸟花。

在西方，人们认为鹤望兰是射手座的守护花，乐观进取，不受拘束，追求自由，喜欢刺激，喜向外发展，有远大的理想抱负，对任何人任何事都抱着极大的兴趣，渴望着一个能真诚相待且心灵相契合的人。

第二节　鹤望兰花文化的发展及赏析

鹤望兰原产于非洲南部，最早发现于南非阿扎尼亚西南端的好望角，故又称好望兰。长期以来都默默无闻，直至1773年传入英国。英皇乔治二世所钟爱的王后莎洛蒂因为最喜欢这种花草而轰动一时，认为这样完美的花是无可言喻的，将它与世界上最美好的天堂鸟相提并论，因而，有了今天的"天堂鸟"之美名，从此名扬天下。

鹤望兰是神圣与尊严的象征，非洲首脑会议就用鹤望兰作为会徽图案。美国西海岸人民喜爱鹤望兰，栽培极盛，洛杉矶就选鹤望兰作为市花。1984年，在洛杉矶举办的第23届奥运会上，主办者献给每一位获胜者的花束中，均有一支鹤望兰，以示尊重。因此，鹤望兰又被称为"胜利者之花"。1981年12月8日，广州与洛杉矶市缔结为友好城市，当时广州市长梁灵光正在洛城进行友好访问，该市市长汤姆·布雷德利将鹤望兰种子赠予梁灵光市长，祝愿中美人民友谊之花在花城盛开。

鹤望兰也吸引了许多艺术家的目光。我国著名的画家许继庄教授的画作《鹤望兰》入选第8届全国美术展；上海美协主席沈柔坚先生的传世之作《鹤望兰》的画作在业界也非常有名气。鹤望兰曾在邮政上有着不可忽视的作用，在日本邮政发行的东京都地方版《东京四季花木》邮票中，其中有一枚是八丈町的天堂鸟花。

诸多文人喜欢以鹤望兰为主题来表达自己对生活的态度，对爱情的执着，或在文章中用鹤望兰高雅、脱俗的气质来表达作者彼时的意境，或在诗文中表达对恋人的思念。其中最有名的一首现代诗要数徐萍（1995）的《鹤望兰》，引其共赏：

循着潮湿的花径
沐雨而来
鹤望兰，你独栖高枝
唯有风掠过额际
娴雅的兰指
以一抹温婉的绯红
轻拢烟云

嫣然的花　早随采撷的手
相伴而去
你初长爱情的姿势
深邃是萼，纯情是蕊

任三月的风催开你的寂寞
雾夜的裙裾飘逸如水
剪灯下，无法拒绝远行的歌者
放牧灿烂如初的灵魂

一帘春雨渐渐浸润
旅人的画笔断在桥边
今夜，你是唯一的色彩
为一个纯粹的日子
鹤望兰，伏在温情环绕的指间
流泪不止

浙江作家陈富强先生第一次在杭州西湖畔的花店偶遇鹤望兰时，就被其气质深深吸引，脑海即刻浮现出上述诗歌，并写下著名的散文《鹤望兰》：

"循着潮湿的花径／沐雨而来／鹤望兰／你独栖高枝……你初长爱情的姿势／深邃是萼／纯情是蕊……"

这是早些年笔者读到的最为出色的诗歌之一。也是我第一次听到有一种叫"鹤望兰"的花卉。有着这样典雅名字的花，一定美丽无比。

我第一次见到鹤望兰是在湖畔的花店里，在鲜艳的花丛中，鹤望兰因为它的茎枝秀长而比其他的花高出一大截。我见到它时，并不知道它就是鹤望兰，但我一眼认准了它，这种花卉在我的潜意识里已经芬芳很久了，它一定就是我在诗里读到过的鹤望兰。现在，它们静静地被怒放的花丛簇拥着，花茎从叶腋抽出，似鸟儿的长颈，花苞紫红色，花萼橙黄色，花瓣淡蓝色，恍如一群展翅欲飞的彩鸟。这些外形酷似飞鸟的花卉，怎么会叫鹤望兰呢？我指着它问卖花的女子这是什么花？女孩子刚好做完一笔生意，心情愉悦地告诉我这是天堂鸟。

从形状上看，花形更接近鸟。这个花名自然也不错，又响亮又令人充满幻想感。我问女孩，它是不是还有另外一个名字？女孩回答得很干脆，是的，它也叫鹤望兰。我说鹤望兰不是很好听吗？怎么又叫天堂鸟了？女孩告诉我这种花原产于南非，是一种野花，从前英皇乔治三世所钟爱的皇后莎洛蒂因为喜欢这种花草，认为它的花形特像鸟冠和鸟嘴。女孩边说边拿起一枝天堂鸟，指着花苞说，喏，你看像不像？它出生的故乡原名就叫天堂鸟村，所以皇后就给这种野花赐名"天堂鸟"。我问："那又怎么叫鹤望兰呢"？女孩说"具体我也说不清楚，大概是它的样子又象伸颈远眺的仙鹤，所以才叫鹤望兰的吧。不过，我们都愿意叫它天堂鸟，这个名字吉祥又富贵，况且，我们杭州又与天堂有联系，买的人特别多。"

在我与女孩问询的过程中，有人来预定一只花篮，指明是宴会上用的，说好下午四时来取。女孩快乐地答应着，边动手插花边说："像这种小花篮，中间一枝肯定是要插天堂鸟的。"女孩插的手艺既娴熟又灵巧。一会儿功夫，就插好了一只花篮。一枝天堂鸟固然挺立在花篮中间，既显出了层次，更使整个花篮有了一种高雅的气质。插花女孩边顾赏着自己的作品边用剪子修剪着斜逸出来的枝蔓，怡然自得。

等她把花篮捧到花架上，我又问："你刚才说天堂鸟产于南非，你的天堂鸟不会是从南非空运过来的吧？"女孩说："不会，现在江南什么花都能种植了。前些年天堂鸟是蛮贵的，特别是获得种籽是要靠一种体重只有2克的太阳鸟来传播花粉的，现在有办法了。"女孩没有告诉我现在用什么办法栽培天堂鸟，却告诉了我另外一个故事。女孩说："23届洛杉矶奥运会规定谁获得金牌，就献给谁一枝天堂鸟花，所以天堂鸟又叫胜利者之花呢！"

我诧异于女孩对花卉知识的广博。女孩说："这没什么的，我们在学校读书时都听老师讲的。"我说："卖花还有专门学校的？"女孩说："是专修学校，学插花。"女孩又说："我插一盆花，你给取个名字。"女孩兴致颇高地取来一堆花、叶、枝，动作伶俐地剪取一片枫叶为背景，取数朵黄菊作铺垫，又折一截枯枝为陪衬，最后，插上一枝天堂鸟花。我说："这就完了？"她拍拍手说："完了，你看看，取个好听的名字。"我望着这盆插花，极淡淡的苍凉

缓缓地缠绕着，我感觉到了什么却无法用语言来表述它，这大约就是只可意会不可言传的意境吧。我笑着无奈地摇摇头。她说："你去过南昌的滕王阁？"我说："去过。"她又问："你会背诵王勃的《滕王阁序》吗？"我说："背不全，但能背几句。"她说："你背几句给我听听，最有名的。"经她一点拨，我的心里豁然一亮，想起自己登阁眺望晚霞映照下的长江浩荡东去，我脱口而出："落霞与孤鹜齐飞，秋水共长天一色。"她说："好了，就这两句，就是这盆插花的名。"

我细瞧插花，枫为霞，菊为秋，一只孤鸟正在霞光中翻飞于江水之上。

女孩含笑说："这盆插花原创作者是日本的插花高手铃木苍子，是1990年东京插花博览会上很有名的一件作品，我只是摹仿罢了。"她顿了顿，又说："你站了这么久，不买点什么花？"

我连声说："我买。"我指着天堂鸟说："就买它。"她问："几枝？"我说："就一枝。"女孩把花递给我，我付了钱，向她道了谢，转身离开了花店。

我手执天堂鸟花走在人流滚滚的城市街头。我又想起那位诗人的"鹤望兰"："任三月风催开你的寂寞……放牧灿烂如初的灵魂……"

鹤望兰，你永远眺望的姿态是不是在渴求什么？你独栖高枝孤独地芬芳，是不是在期待那只神秘的太阳鸟？鹤望兰，你愿不愿是来世栖息在我窗前的一只飞鸟？抑或是我梦中远行的一张单程票？你将带我走向哪里？是你飞来的天堂吗？还是你一直在飞越的寂寞旅程？鹤望兰，把我想象的翅膀给你；把我颤栗的灵魂给你；把我的一切都给你。在来世的天空自由地飞翔的那只彩鸟就是我，就是你。

在大自然的百花园中，鹤望兰高雅脱俗的气质，令其独占鳌头。在人文艺术的百花园中，人们用鹤望兰特殊的意韵来表达相隔遥远的恋人相思之情和对美好爱情的寄托。它的高贵气质和美丽姿态都正如它的名字一样来自天堂之鸟。"如果是天鹅，就要嫁给宁静的湖水；如果是海燕，就要嫁给汹涌的大海；如果是天堂鸟，就独自享受安静的真实。"

著名台湾作家三毛生前也特别喜欢鹤望兰，在其作品中多次借天堂鸟抒发感情。其中一段这样写道："荷西突然捧了一大把最名贵的'天堂鸟'的花

回来，我慢慢的伸手接过来，怕这一大把花重拿了，红艳的鸟要飞回天堂去。'马诺林给你的。' 我收到了比黄金还要珍贵的礼物。以后每一个周末都是天堂鸟在墙角怒放着、燃烧着它们自己。这花都是转给荷西带回来的。他对天堂鸟很爱护的，换淡水，加阿斯匹林片，切掉渐渐腐烂的茎梗"。在那么一个热带荒凉的地方，茂盛的植物和水是奇缺的，每天收到火红热烈华贵的天堂鸟，是一种幸福的奢侈。

张虹在她的中篇小说《鹤望兰》中，将鹤望兰写成是成就一对男女主人公的爱情花，爱情没了，天堂鸟也即随之消失。陕西著名作家张薇女士笔下的《天堂鸟》亦为广大读者所熟知，为鹤望兰文化的传播起了重要的作用。

生活中，有各种各样的以鹤望兰为题材的装饰。例如，鹤望兰的画报艺术曾在欧洲和美国非常有名，人们常常购买这些画报作为家庭装饰。另外，人们通过电视、电影的方式来体现天堂鸟的性格特征，抒发感情。其中最火爆的要数在 2003 年央视主播的故事片《天堂鸟》，这一剧本获得了"上海宝钢艺术奖"。《天堂鸟》是一部批判假恶丑，歌颂真善美的当代现实主义的精品力作，故事中鲜明的时代特色和道德精神力量带给观众强烈的震撼和极大的感染。

在欧美，《天堂鸟（Paradiesvogel）》这首轻音乐以轻松优美的旋律经久不衰。德国的詹姆斯·拉斯特（James Last）乐队是世界著名的三大轻音乐乐队之一，该乐队演奏的《天堂鸟》用通俗的手法进行改编，用小型乐队演奏，来营造温馨浪漫情调，古典气息和现代风味兼而有之，华而不俗，浪漫而不轻浮，给人们留下了一个永不褪色的音乐彩章。

参考文献

1. 蔡邦平，王振忠 . 鹤望兰开花结果特性 [J]. 亚热带植物科学，2002，31(3): 63–65.

2. 曹英杰，高原，张玉库 . 北方地区鹤望兰有性繁殖技术研究 [J]. 内蒙古农业科技，2006，(1): 60–61.

3. 程立华，曲哲峰，刘军 . 鹤望兰在北方温室中的种子繁殖 [J]. 吉林农业大学学报，1994，16(3): 117–119.

4. 陈丽璇，陈淳，郭莺 . 1–MCP 对鹤望兰切花贮运期间生理代谢的影响 [J]. 热带作物学报，2011，32(12): 2250–2254.

5. 陈清智，陈鑫辉 . 名贵切花——鹤望兰分株繁殖技术 [J]. 农业科技通讯，2001，(2): 12.

6. 陈源泉，陈诗林，黄敏玲，等 . 保鲜剂及冷藏对鹤望兰切花瓶插品质的影响 [J]. 亚热带植物科技，2006、35(4): 32.

7. 陈鑫辉 . 鹤望兰的规模栽培与发展前景 [J]. 农业科技通讯，2002，(8): 1.

8. 郭康，徐柏明，鄢振武，等 . 鹤望兰引种栽培及开发利用的研究 . 1990.

9. 韩学俭 . 仙鹤之舞 – 鹤望兰 [J]. 花木盆景 – 花卉园艺，2006，(1): 22.

10. 昊建设，黄敏玲 . 切花鹤望兰地栽技术要点 [J]. 福建果树，1997，(1): 66.

11. 何俊严，胡洁荃，徐卫平 . 鹤望兰组织培养与工厂化快繁程序的研究 [J]. 西北植物学报，1996，16(4): 407–411.

12. 侯开举，王希群，黄典远，等 . 鹤望兰引种栽培研究 [J]. 湖北林业科技，1998，(1): 12–18.

13. 侯成铃，于文涛，孙召贵 . 鲜切花王——鹤望兰的栽培与管理 [J]. 种子科技，2008，(1): 67–68.

14. 侯成铃，于文涛，孙召贵 . 鹤望兰的栽培与管理 [J]. 温室园艺，2008，(9): 55–56.

15. 侯海涛，张明学 . 切花鹤望兰栽培技术 [J]. 山东林业科技，2003，(3):41.

16. 胡宏友，黄维南 . 鹤望兰催芽与幼苗生长习性的研究 [J]. 亚热带植物通讯，1999，28(1): 22–25

17. 胡庆红，刘梦萍，李云生，等 . 鹤望兰栽培技术 [J]. 云南农业，2004，(7): 10.

18. 黄森木 . 鹤望兰常见病害防治 [J]. 花木盆景，2006，(8): 25.

19. 纪巧英 . 鹤望兰盆花栽培技术 [J]. 广西农业科学，2004，35(3): 237.

20. 姜世平，傅新生，邹萌，等 . 鹤望兰切花温带栽培技术 [J]. 中国园艺文摘，2009，(9): 137–139.

21. 江苏植物研究所 . 江苏植物志 . 上册 . [M]. 南京：江苏人民出版社，1977: 398.

22. 李艳，李思锋，王庆，等 . 西安地区鹤望兰保护地栽培管理技术研究 [J]. 陕西林业科技，2012，(3): 85–88.

23. 梁美，胡淑英 . 关于鹤望兰栽培技术的探讨 [J]. 园林科技信息，1994，(4): 60–64.

24. 林秀香 . 鹤望兰露地栽培技术 [J]. 福建热作科技，1997，22(4): 33–35.

25. 刘显国，刘建生 . 鹤望兰大面积地栽技术 [J]. 花卉，1996，(4): 6.

26. 龙雅宜 . 切花生产技术 . [M]. 北京：金盾出版社，1994:166–176.

27. 欧国菁 . 鹤望兰幼龄期营养及其适栽土壤条件 [J]. 北京林业大学学报，1990，12(2): 135–139.

28. 平金培 . 分箱无土播种鹤望兰 [J]. 园林，1987，(2): 43.

29. 平金培 . 鹤望兰盆栽花生长研究 [J]. 园林科技信息，1995，(2): 22–23.

30. 钱妙芬，唐胜富，郭海兰 . 塑棚地栽鹤望兰冬季小气候特点及管理 [J]. 西南农业大学学报，2000，(10): 390–392.

31. 邱亚芬，朱仁奎，金用华 . 名贵花卉鹤望兰鞭状叶的矫治 [J]. 浙江农业科技，1999，(4): 1994–1995.

32. 饶光厚 . 鹤望兰不难养 [J]. 中国花卉盆景，2010，(2): 10.

33. 孙士林，赵君 . 名贵花卉鹤望兰的栽培技术 [J]. 新农村，1998，(4): 15.

34. 邰舒宏，姜月华，齐俊生 . 鹤望兰繁殖技术 [J]. 吉林蔬菜，1997，(4): 26–27.

35. 尚旭岚，张健，夏晗. 鹤望兰组织培养的褐变因素及防止措施 [J]. 四川农业大学学报，2003, 21, (3): 247–249.

36. 沈海燕，陈清智，梁诗. 三种叶面肥在鹤望兰上的应用效果 [J]. 福建农业科技，2001, (04): 15–16.

37. 唐后勇，汤胜林，陈月凤. 鹤望兰的栽培技术研究 [J]. 现代农业科学，2009, 16(5): 78–79.

38. 唐源江，鏖最平，温颖群. 大鹤望兰花部维管束系统的解剖学研究 [J]. 云南植物研究，2000, 22(3): 291–297.

39. 王存刚，王跃强. 鹤望兰的繁殖技术 [J]. 中国花卉园艺，2005, (10): 38–39.

40. 王存纲，王跃强，林海. 鹤望兰的繁殖技术 [J]. 北方园艺，2005, (5): 44–45.

41. 王凤祥，李连红，陈连忠等. 鹤望兰 . [M]. 北京：中国林业出版，2008.

42. 王光孝. 中美人民友谊之花——鹤望兰 [J]. 花卉，1987, (9): 7.

43. 王嘉祥. 鹤望兰鲜切花的规模栽培与开发前景 [J]. 果蔬园林，2004, (8): 26.

44. 王金发，何小玲. 鹤望兰无性繁殖试验 [J]. 园艺学报，2000, 27(4): 300–302.

45. 王意成. 鹤望兰 . [M]. 南京：江苏科学技术出版社，2000: 16.

46. 王振忠，蔡邦平，陈登雄. 鹤望兰的自花与异花授粉研究 [J]. 北京林业大学学报，2001, 23(1): 32–36.

47. 吴建设，黄敏玲，陈诗林，等. 影响鹤望兰切花产量与质量的因素探讨 [J]. 中国农学通报，2006, (11): 279–281.

48. 吴龙高. 提高鹤望兰切花质量和产量的技术措施 [J]. 花木盆景，1993, (1): 10.

49. 辛高炉，马祥云. 鹤望兰的播种繁殖 [J]. 武汉园林，1986, (1): 8.

50. 徐萍. 鹤望兰（外一首）[J]. 诗刊 1995, (1): 36.

51. 闫玉凤. 君子兰、鹤望兰、仙客来、秋海棠 [J]. 花木盆景，2005, (4): 22.

52. 姚君北，黄玲燕. 花卉栽培讲义 . [M]. 北京：中国林业出版社，1985: 288–289.

53. 姚君北，黄玲燕. 观叶花卉 . [M]. 北京：中国建筑工业出版社，1990: 292–295.

54. 姚亭秀. 鹤望兰的育苗与栽培 [J]. 花卉，2008, (7): 6–7.

55. 于世平. 又见双飞天堂岛 [J]. 中国花卉盆景，2006, (4): 27.

56. 袁宜如，燕红波，邹峥嵘. 鹤望兰组织培养和快速繁殖的研究 [J]. 安徽农业科学，2009, 37, (10): 4389–4390.

57. 袁宜如，李晓云. 鹤望兰组织培养研究进展 [J]. 安徽农业科学，2010, 38(28): 15504–15506.

58. 曾宋君，段俊，刘念，等. 姜目花卉 . [M]. 北京：中国林业出版社，2003.

59. 张立民. 鹤望兰种子育苗 [J]. 植物杂志，1986, (3): 18.

60. 张丽旋，李金雨，陈菲，等. 1–MVP 对鹤望兰切花贮运保鲜的适宜熏蒸模式 [J]. 热带生物学报，2010, 1(6): 357–361.

61. 赵维江. 鹤望兰的苗期管理 [J]. 湖北林业科技，2001, (4): 29.

62. 赵维江. 家庭莳养鹤望兰生理病害的防治 [J]. 中国花卉盆景，2005, (11): 25.

63. 赵维江. 图解鹤望兰授粉 [J]. 花木盆景，2008, (5): 8.

64. 赵维江. 鹤望兰播种育苗 [J]. 花木盆景，2009, (5): 11–12.

65. 赵维江. 怎样使鹤望兰多开花 [J]. 花木盆景，2010, (6).

66. 赵维江. 鹤望兰花开何处 [J]. 花木盆景，2011, (10): 11–12.

67. 赵印泉，刘青林. 鹤望兰 . [M]. 北京：中国林业出版社，2004.

68. 郑高菽. 关于鹤望兰的异议 [J]. 中国花卉盆景，1988, (7): 23–24.

69. 仲乃琴，杨景洲. 鹤望兰种子繁殖技术初探 [J]. 甘肃农业科技，1994, (1): 38.

70. 周玉敏. 如何栽培鹤望兰 [J]. 花木盆景 – 花卉园艺，2007, (6).

71. Arzate F, Amaury M. Somatic proembryo induction in bird of paradise (*Strelitzia reginae* Banks)[J]. Rev Fitotec

Mex, 2008, 31(2): 183–186.

72.A Swedish Legend. The Bird of Paradise[J]. The Illustrated Maga of Art, 1853, 1(1): 37–38.

73.Geo S M. Some Birds of Paradise From New Guinea[J]. The Am Nat, 1894, 28(335): 915–920.

74.Carol A. Furness1, Paula J. Rudall. Inaperturate Pollen in Monocotyledons[J]. Int J Plant Sci, 1999, 160(2): 395–414.

75.Dyer R A. The status of Strelitzia juncea[J]. Bothalia, 1975, 11(4): 519–520.

76.Finger F L, Campanha M M, Barbosa J G, et al. Influence of ethephon, silver thiosulfate and sucrose pulsing on bird–of–paradise vase life[J]. Rev Bras Fisiol Veg, 1999, 11(2): 119–122.

77.Halevy A H, Kofranek A M, Besemer S T. Postharvest handling methods for bird–of–paradise flowers[J]. Amer Soc Hort Sci, 1978, 10(3): 165–169.

78.Klopper R R, Smith G F, Chikuni A C. Strelitzia. The global taxonomic initiative: Documenting biodiversity in Africa. [M]. Africa:National Botanical Institute, 2001: 1–201.

79.Kronestedt–Robards E C, Walles B, Johansson M. Histogenesis of the transmitting tract in *Strelitzia reginae*[J]. Nord J Bot, 2001, 21(1): 63–74.

80.Kronestedt–robards Eva. Formation of the pollen–aggregating threads in *Strelitzia reginae*. London:Annals of Botany, 1996: 243–250.

81.Lucas M R Rodrigues, Suzete A L Destéfano, Maria Celeste T Diniz. Pathogenicity of Brazilian strains of Ralstonia solanacearum in *Strelitzia reginae* seedlings[J]. Trop Plant Pathol, 2011, 36(6): 409–413.

82.Moore H E, Hyypio P A. Some comments on *Strelitzia* (Strelitziaceae)[J]. Baileya, 1970, 17(2): 64–74.

83.North J J, Ndakide Mi PA, Laubscher C P. Effects of various media compositions on the in vitro germination and discoloration of immature embryos of bird of paradise[J]. Plant Omics, 2011, 4(2): 100–113.

84.Paull R E, Chantrachit T. Benzyladenine and the vase life of tropical ornamentals[J]. Postharvest Biol Tec, 2001, 21(3): 303–310.

85.Sherwin Carlquist, Edward L. Schneider. Origins and Nature of Vessels in monocotyledons. 11. Primary Xylem Microstructure, With Examples From Zingiberales[J]. Int J Plant Sci, 2010, 171(3): 258–266.

86.Taylor H C. *Strelitzia*; Cederberg vegetation and flora [M]. Africa: National Botanical Institute, 1996: 3–76.

87.Van de Venter, H A., Small, J G C, Roberts P J. Notes on the distribution and comparative leaf morphology of the acaulescent species of *Strelitzia* Ait[J]. S Afr J Bot, 1975, 41(1): 1–16.

88.Wang Y Q, Zhang D X, Renner S S. Self–pollination by Sliding Pollen in Caulokaempferia Coenobialis(Zingiberaceae)[J]. Int J Plant Sci, 2005, 166, (5): 753–759.